BIBLIOTHEQUE
CHRÉTIENNE ET MORALE

APPROUVÉE

PAR Mgr L'ÉVÊQUE DE LIMOGES.

IN-8° DEUXIÈME SÉRIE.

PROPRIÉTÉ DES LIAIFUHS

VOYAGE DANS LES INDES

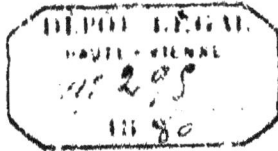

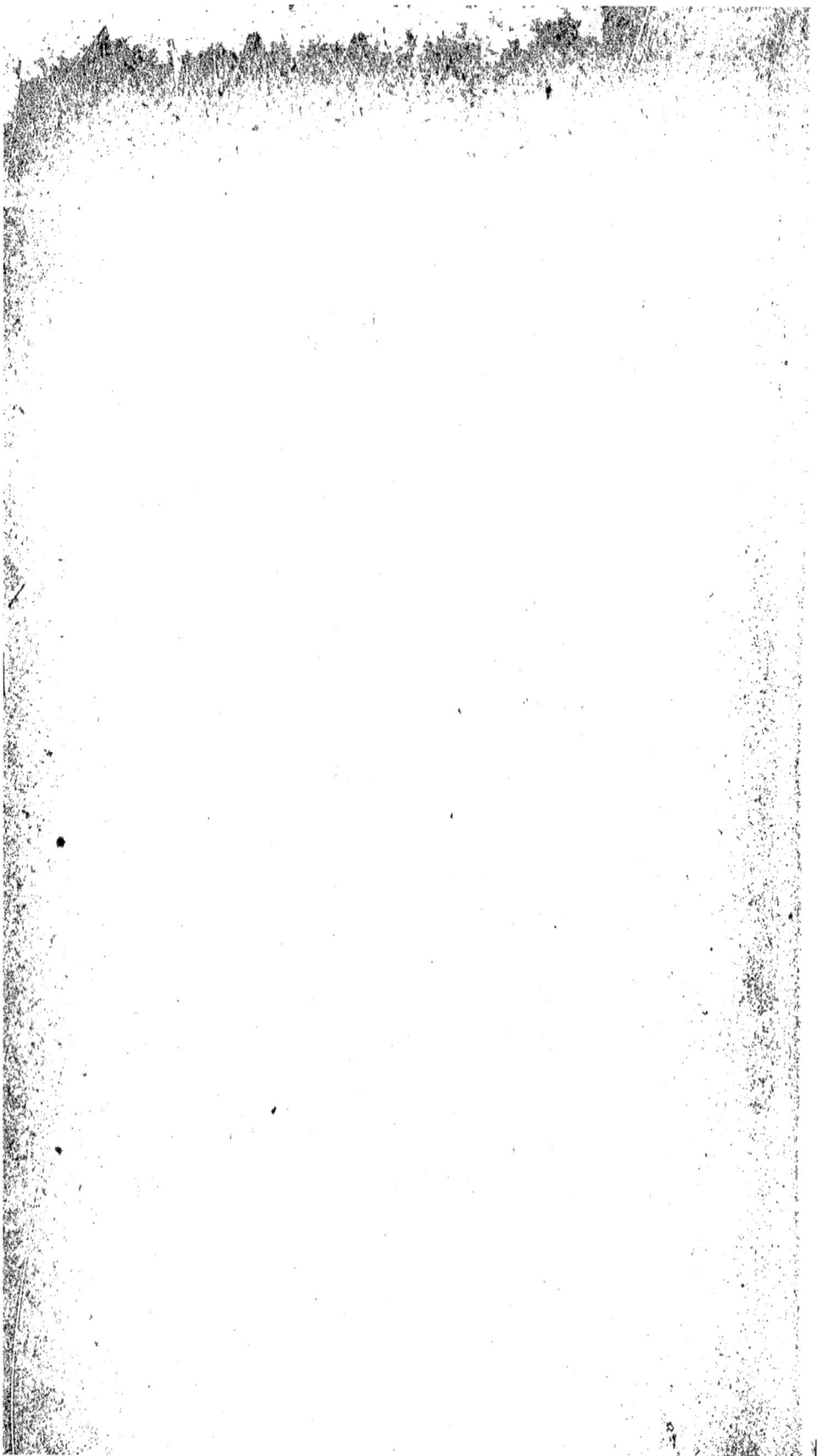

VOYAGE

DANS LES INDES

PAR

H. DE BEUGNON

ADMIS PAR LA COMMISSION DES BIBLIOTHÈQUES SCOLAIRES

LIMOGES

BARBOU FRÈRES, IMPRIMEURS-LIBRAIRES

Rue Puy-Vieille-Monnaie

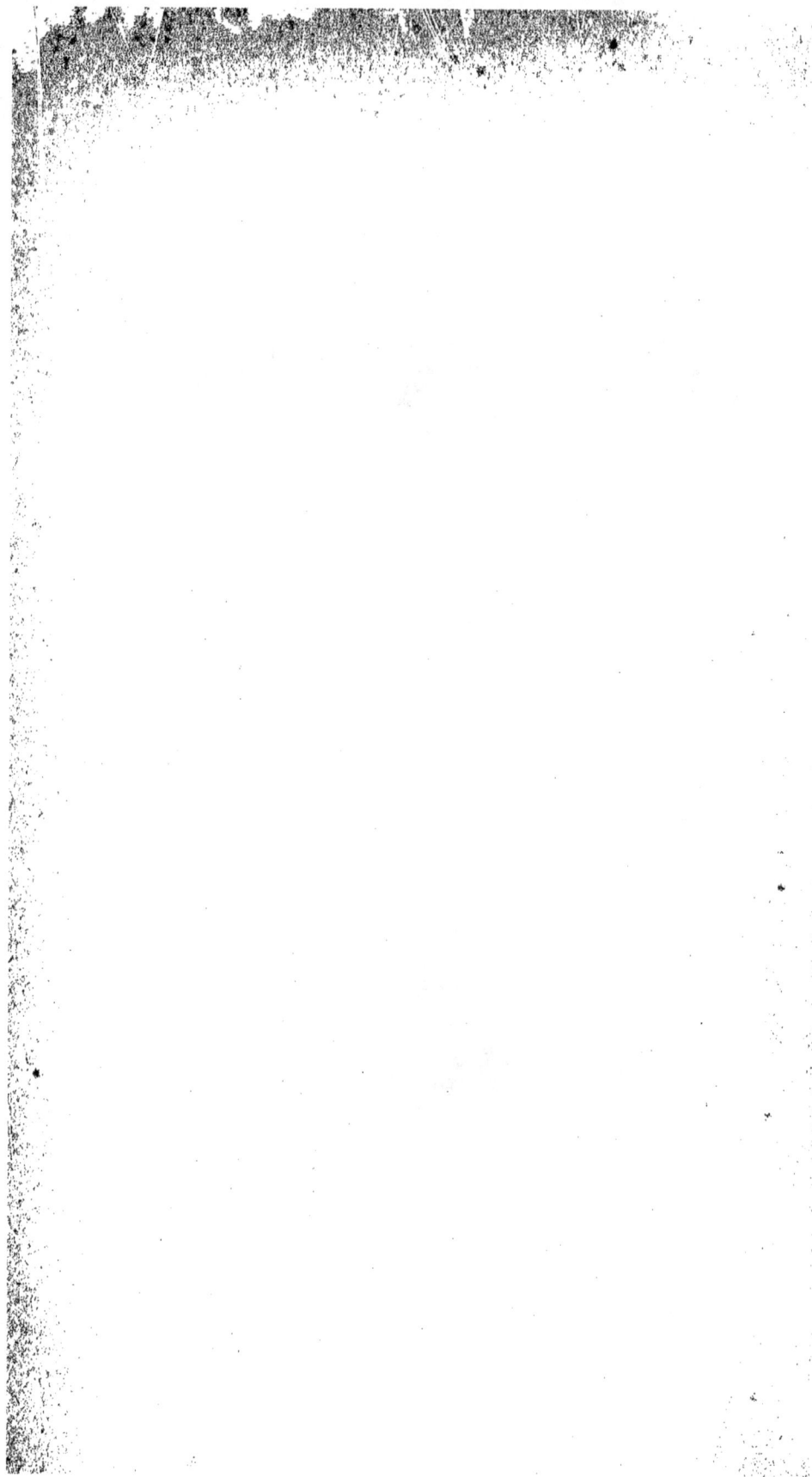

FUITE ET REVERS

J'avais éprouvé, dit Mendez Pinto, pendant dix ou onze ans, la misère et la pauvreté dans la maison de mon père, lorsqu'un de mes oncles, formant quelque espérance de mes qualités naturelles, me conduisit à Lisbonne, où il me mit au service d'une très-illustre maison. Ce fut la même année que se fit la pompe funèbre de don Emmanuel, le 13 décembre 1521, et je ne trouve rien de plus ancien dans ma mémoire. Cependant le succès répondit si mal aux intentions de mon oncle, qu'après un an et demi de service, je me trouvai engagé dans une malheureuse aventure qui exposa ma vie au dernier danger. Je pris la fuite avec une si triste épouvante, qu'étant arrivé, sans aucun autre dessein que d'éviter la mort, au Gué-de-Pédra, petit port où je trouvai une caravelle qui partait chargée de chevaux pour Stuval, je m'y embarquai le lendemain. Mais à peine fûmes-nous éloignés du rivage, qu'un corsaire français nous ayant abordés, se rendit maître de notre bâtiment sans la moindre résistance, nous fit passer dans le sien avec toutes nos marchandises, qui montaient à plus de six mille ducats, et coula notre cara-

velle à fond. Nous reconnûmes bientôt que nous étions destinés à la servitude, et que l'intention de nos maîtres était de
nous aller vendre à Larache, en Barbarie. Ils y portaient des
armes dont ils faisaient commerce avec les mahométans. Pendant treize jours entiers qu'ils conservèrent ce dessein, ils
nous traitèrent avec beaucoup de rigueur. Mais le soir du
treizième jour, ils découvrirent un navire auquel il donnèrent la chasse toute la nuit, et qu'ils joignirent à la pointe
du jour. L'ayant attaqué avec beaucoup de courage, ils le
forcèrent de se rendre après avoir tué six Portugais et dix ou
douze esclaves. Ce bâtiment, que plusieurs marchands de
Lisbonne avaient chargé de sucre et d'esclaves, fit passer entre les mains des corsaires un butin de quarante mille ducats.
Ils abandonnèrent le dessein d'aller à Larache; et, ne pensant
qu'à faire voile pour la France avec une partie de leurs prisonniers, qu'ils jugèrent propres à les servir dans leur navigation, ils laissèrent les autres pendant la nuit dans une rade
nommée Mélides. J'étais de ce dernier nombre, nu comme
tous les compagnons et couvert des plaies qui nous restaient
des coups de fouet que nous avions reçus les jours précédents.
Dans ce triste état, nous arrivâmes le lendemain à Saint-
Jacques de-Caçon, où nos misères furent soulagées par les
habitants. Après y avoir rétabli mes forces, je pris le chemin
de Sétuval. Ma bonne fortune m'y fit trouver, presque en arrivant, l'occasion de m'employer pendant plusieurs années. Mais
l'essai que j'avais fait de la mer ne m'avait pas dégoûté de cet
élément. Je considérai qu'en Portugal mes plus hautes espérances se réduisaient à me mettre à couvert de la pauvreté.
J'entendais parler sans cesse des trésors qui venaient des In-

des, et je voyais souvent arriver des vaisseaux chargés d'or ou de précieuses marchandises. Le désir de mener une vie aisée, plutôt que le courage ou l'ambition, me fit tourner les yeux vers la source de tant de richesses ; et je pris la résolution de m'embarquer sur ce seul principe, qu'à quelque fortune que je fusse réservé, je ne devais pas craindre de perdre beaucoup de changement.

Ce fut le onzième jour de mars de l'année 1537, que je partis, avec une flotte de cinq navires, dont chaque vaisseau était commandé par un capitaine indépendant. Le plus considérable était sous les ordres de don Pédro de Sylva, fils du fameux amiral don Vasco de Gama. C'était dans ce même navire que don Pedro avait apporté les os de son père, qui était mort aux Indes ; et le roi, qui se trouvait alors à Lisbonne, les avait fait recevoir avec une pompe dont le Portugal n'avait jamais vu d'exemple.

En arrivant au port de Mozambique, nous y trouvâmes un ordre de Nugno d'Acunha, vice-roi des Indes, par lequel tous les vaisseaux portugais qui devaient arriver cette année étaient obligés de se rendre à Diu, dont la forteresse était menacée de l'attaque des Turcs. Trois des cinq navires de la flotte prirent aussitôt cette route. J'étais sur le Saint-Roch, qui mit le premier à la voile, et je fus nommé entre ceux qui demeurèrent à Diu, pour la défense du fort ; cependant, dix-sept jours après mon arrivée, deux flûtes partant pour la mer Rouge, dans la vue d'y prendre des informations sur le dessein des Turcs, je ne pus résister aux instances de l'un des deux capitaines, avec lequel je m'étais lié d'amitié, et qui me proposa de l'accompagner dans ce voyage.

Nous partîmes par un temps fort orageux, qui ne nous empêcha point d'arriver heureusement à la hauteur de Mazua.
Là, vers la fin du jour, nous découvrîmes en pleine mer un
navire, auquel nous donnâmes si vivement la chasse, que
nous l'abordâmes d'assez près. Nous l'avions pris pour un indien ; et, ne pensant qu'à remplir notre commission, nous
nous étions avancés jusqu'à la portée de la voix, pour demander civilement au capitaine si l'armée turque était partie de
Suez ; mais, pour unique réponse, on nous tira douze volées
de petits canons et de pierriers, qui n'incommodèrent que nos
voiles, et nous entendîmes retentir l'air des cris confus, que
cette hostilité nous fit regarder comme des bravades. Bientôt
elles furent accompagnées d'un grand cliquetis d'armes et de
menaces distinctes, avec lesquelles on nous pressait d'approcher et de nous rendre. Cet accueil nous causa moins d'effroi
que d'étonnement. Il était trop tard pour s'abandonner à la
vengeance. On tint conseil, et on s'attacha au parti le plus
sûr, qui était de les battre à grands coups d'artillerie jusqu'au
lendemain matin, qu'à l'arrivée du jour on pourrait les inves-
tir et les combattre plus facilement. Ainsi toute la nuit fut em-
ployée à leur donner la chasse, en les foudroyant de notre
canon, et leur navire se trouva si maltraité à la pointe du
jour, qu'il prit pour lui-même le conseil qu'il nous avait donné de se rendre. Il avait perdu soixante quatre hommes dans
cette rude attaque. La plupart des autres, se voyant réduits à
l'extrémité, se jetèrent dans la mer, de sorte que, de quatre-
vingts qu'ils étaient, il n'en échappa que cinq fort blessés,
entre lesquels était leur capitaine. La force des tourments
auxquels il fut exposé aussitôt, par l'ordre de nos deux com-

mandants, lui fit confesser qu'il venait de Gedda, et que l'armée turque était déjà parti de Suez, dans le dessein de prendre Aden, avant de porter la guerre aux Portugais dans les Indes. Il ajouta, lorsqu'on eut redoublé les tortures, qu'il était chrétien renégat, Marjorquin de naissance, fils de Paul Andrez, marchand de la même île ; et qu'ayant désiré pour épouse une mahométane, grecque de nation, il avait embrassé la loi de Mahomet pour l'obtenir en mariage. Nous lui proposâmes avec douceur de quitter cette secte, pour rentrer dans les engagements de son baptême; il répondit avec plus de brutalité que de courage, qu'il voulait mourir dans la religion de sa femme. Nos capitaines, irrités de son obstination, n'écoutèrent plus que leur zèle; ils lui firent lier les pieds et les mains, et, lui ayant attaché de leurs propres mains une grosse pierre au cou, ils le précipitèrent dans la mer. Après cette exécution, nous fîmes passer nos prisonniers dans une de nos fustes, et leur vaisseau fut coulé à fond. Il ne portait que des balles de teinture, qui nous étaient alors inutiles, et quelques pièces de camelots dont nos soldats se firent des habits.

Nos commandants résolurent de descendre à Gottor, une lieu au-dessous de Mazua, dans l'espérance d'y prendre de nouvelles informations. Nous y reçûmes des habitants un accueil fort civil. Un Portugais, nommé Vasco Martinez de Seixas, y séjournait depuis trois semaines, par l'ordre de Henri Barbosa, pour y attendre l'arrivée de quelques navires portugais et lui remettre une lettre d'avis sur l'état de l'armée turque.

Nous remîmes à la voile le 6 novembre 1537. Un évêque

abyssin, qui se proposait de faire le voyage de Portugal et de
Ro e, avait demandé passage à nos deux commandants jusqu'à Diu. Il était une heure avant le jour lorsque nous quit-
tâme le port ; et, suivant la côte avec le vent en poupe, nous
avions doublé vers midi la pointe de Goçam , lorsque en approchant près de l'île des Écueils, nous découvrîmes trois
vaisseaux que nous prîmes, dans l'éloignement, pour des galères ou des terrades, noms des bâtiments ordinaires du pays.
Le seul désir de recevoir quelques nouvelles informations
nous fit gouverner avec eux. Un calme qui survint tout d'un
coup était peut-être une faveur du ciel, qui voulait nous dérober au danger ; mais nous nous obstinâmes si fort à suivre
la même route, qu'ayant joint la rame à nos voiles, nous fûmes
bientôt assez près des trois navires pour reconnaître que c'é-
tai des galiotes turques. Nous prîmes aussitôt la fuite avec un
effroi qui nous fit tourner nos voiles vers la terre. C'était
avancer nos malheurs, en donnant à nos ennemis l'avantage
d'un vent soudain dont nous avions cru profiter ; ils nous
poursuivirent à toutes voiles jusqu'à la portée du fusil , et, lâ-
chant toutes leurs bordées à cette distance , ils mirent nos
fustes dans un état déplorable. Cette décharge nous tua neuf
hommes et nous en blessa vingt-six. Ensuite ils nous joignirent
de si près, que de leur poupe ils nous blessaient aisément avec
le fer de leurs lances. Cependant quarante-deux bons soldats
qui nous restaient encore sans blessures, reconnaissant que
notre conservation dépendait de leur valeur, résolurent de
combattre jusqu'au dernier soupir. Ils attaquèrent courageusement la principale des trois galères , sur laquelle était So-
lyman Dragut. Leur premier effort fut si furieux de poupe à

proue, qu'ils tuèrent vingt-sept janissaires ; mais cette galio-
te, recevant aussitôt le secours des deux autres, nos deux
tastes furent remplies en un instant d'un si grand nombre
de Turcs, et le carnage s'échauffa si vivement, que de cinquan
te-quatre que nous étions encore, nous ne restâmes qu'onze vivants ; encore nous en mourut-il deux le lendemain, que les
Turcs coupèrent par quartiers, et qu'ils pendirent pour tro-
phée au bout de leurs vergues ; ils nous conduisirent à Moka,
dont le gouverneur était père de ce même Dragut qui nous
avait pris. Tous les habitants reçurent les vainqueurs avec
des cris de joie. Nous fûmes présentés à cette multitude emportée, chargés de chaînes et si couverts de blessures que l'é-
vêque abyssin mourut le jour suivant des siennes. Nos souffrances furent beaucoup augmentées par les outrages que
nous reçûmes dans toutes les rues de la ville, où nous fûmes
menés comme en triomphe. Le soir, lorsque nous eûmes
perdu la force de marcher, on nous précipita dans un noir
cachot. Nous y passâmes dix-sept jours entiers sans autres
secours qu'un peu de farine d'avoine, qui nous était distri-
buée le matin pour le reste du jour.

Nous perdîmes, dans cet intervalle deux autres de nos
compagnons, qui furent trouvés morts le matin, tous deux
gens de naissance et de courage. Le geôlier qui nous apportait notre nourriture, n'ayant osé toucher à leurs corps, se
hâta d'avertir la justice, qui les vint prendre avec beaucoup
d'appareil pour les traîner par toutes les rues. Après les avoir
déchirés par toutes sortes de violences, ils furent jetés en
pièces dans la mer. Enfin la crainte de nous voir périr successivement dans notre horrible prison porta nos maîtres à

nous faire conduire sur la place publique pour y être vendus. Là, tout le peuple s'étant assemblé, ma jeunesse, apparemment, m'attira l'honneur d'être le premier qu'on y mit en vente. Tandis qu'il se présentait des marchands, un cacis de l'ordre supérieur, qui passait pour un saint parce qu'il était nouvellement arrivé de la Mecque, demanda que nous lui fussions donnés par aumône, et fit valoir en sa faveur l'intérêt même de la ville à laquelle il promettait la protection du prophète. Les gens de guerre, au profit desquels nous devions être vendus, s'opposèrent si brusquement à cette prétention, que le peuple, prenant parti pour le cacis, il s'éleva un affreux désordre, qui ne finit que par le massacre du cacis même et par la mort d'environ six cents hommes. Nous ne trouvâmes point d'autre expédient, pour sauver notre vie dans ce tumulte, que de retourner volontairement à notre cachot, où nous regardâmes comme une grande faveur d'être reçus du geôlier.

Dragut, ayant moins réussi par l'autorité que par la douceur à calmer la sédition, nous fûmes reconduits sur la même place et vendus avec notre artillerie et le reste du butin. Le malheur de mon sort me fit tomber entre les mains d'un renégat grec dont je détesterai toujours le souvenir. Pendant trois mois que je fus son esclavage, il me traita si cruellement, qu'étant réduit au désespoir, je pris plusieurs fois la résolution de m'empoisonner. Je n'eus l'obligation de ma délivrance qu'au soupçon qu'il eut de mon dessein : la crainte de perdre l'argent que je lui avais coûté, si j'abrégeais volontairement mes jours, lui fit prendre le parti de me vendre à un juif de Toro. Je partis avec ce nouveau maître pour

Cassan, où son commerce l'appelait. Mon esclavage n'aurait pas été plus doux entre les mains d'un chrétien. De là il me conduisit à Ormus, où j'appris, avec des transports de joie, que don Ferdinand de Lima, dont j'étais connu, était gouverneur du fort portugais. J'obtins de mon maître la permission de me présenter à lui. Ce généreux seigneur et don Pédro Fernandez, commissaire général des Indes, qui se trouvait alors dans l'île d'Ormuz, firent les frais de ma liberté. Elle leur coûta deux cents pardos, c'est-à-dire environ cent vingt écus de notre monnaie.

Pinto continue de s'étendre sur la quantité d'aventures qui n'ont rien d'intéressant. Il se trouve à Malaca, où le gouverneur, nommé don Pédro de Faria, prend de l'affection pour lui.

II

PITIÉ ET VICTOIRE

Don Pédro de Faria, cherchant l'occasion de m'avancer, m'envoya dans une lanchare au royaume de Pan, avec dix mille ducats qu'il me chargea de remettre à Thomé Lobo, son facteur dans cette contrée. De là ses ordres devaient me conduire à Patane, qui est cent lieues plus loin. Il me donna une lettre et un présent pour le roi de Patane, avec une ample commission pour traiter avec lui de la liberté des cinq Portugais qui étaient esclaves de son beau-frère. Je partis dans les plus douces espérances. Le septième jour de notre navigation, étant à la vue de l'île de Timan, qui est à la distance d'environ quatre-vingt-dix lieues de Malaca, et dix ou douze lieues de l'embouchure du Pan, nous entendîmes sur mer, avant le lever du soleil, de grandes plaintes dont l'obscurité ne nous permit pas de connaître la cause. J'en fus assez touché pour faire mettre à la voile et pour tourner, avec le secours de la rame, vers le lieu d'où elles paraissaient partir, en baissant la vue dans l'espérance de voir et d'entendre plus facilement. Après avoir continué longtemps nos observations, nous découvrîmes fort loin de nous quelque chose de noir qui flottait sur l'eau. Il nous était impossible de distinguer ce qui commençait à frapper nos yeux. Nous n'étions que quatre Portugais dans la lanchare, et les avis n'en furent pas moins partagés. On me représentait qu'au lieu de m'arrêter à des recherches dangereuses, je ne devais penser qu'à suivre les ordres du gouverneur. Mais, n'ayant pu me rendre à ces timides conseils, et me croyant autorisé, par ma commission, à faire respecter mes ordres, je persistai dans la résolution d'approfondir cet événement si singulier. Enfin les premiers rayons du jour nous firent apercevoir plusieurs personnes qui flottaient sur des planches. L'effroi de mes compagnons, faisant place alors à la pitié, ils furent les premiers à faire tourner la proue vers ces misérables, que nous entendîmes crier six ou sept fois : Seigneur Dieu, miséricorde ! Je pressai nos matelots de les secourir. Ils tirèrent successivement du milieu des flots quatorze Portugais et neuf esclaves, tous si défigurés, que leur visage nous fit peur, et si faibles qu'ils ne pouvaient se soutenir. On se hâta de leur donner des secours qui rappelèrent leurs forces. Lorsqu'ils furent en état de parler, l'un d'eux nous dit qu'il se nommait Fernand Gil Porcalho ; qu'ayant été dangereusement blessé à la tranchée de Malaca, dans la seconde attaque que les Portugais avaient soutenue contre les Achémois, don Etienne de Gama, qui commandait alors dans cette ville, et qui avait cru devoir quelque récompense à son courage, l'avait envoyé aux Moluques avec divers encouragements pour sa fortune ; que le ciel avait béni ses entreprises jusqu'à le mettre en état de partir de Ternate dans une jonque chargée de mille barres de poivre qui valaient plus de cent mille ducats ; mais qu'à la hauteur de Surabaya, dans l'île de Joa, il avait eu le malheur d'essuyer une furieuse tempête qui avait abîmé sa jonque et tout son bien; que, de cent quarante-sept personnes qu'il avait à bord, il ne s'en était sauvé que les vingt-trois qui se trouvaient sur le nôtre; qu'ils avaient déjà passé quatorze jours sur leurs planches, sans autre nourriture que la chair d'un esclave cafre qui leur était mort, et qui avait servi pendant huit jours à soutenir leurs forces.

La satisfaction d'avoir sauvé la vie à tant de malheureux me rendit la suite du voyage fort agréable jusqu'à la ville de Pan, où je remis à Thomé Lobo les marchandises dont j'étais chargé; mais, lorsque je me disposais à continuer mon voyage vers Patane, un accident fort tragique fit perdre au gouverneur de Malaca toutes les richesses qu'il avait entre les mains de Lobo. Coja Géinal, ambassadeur du roi de Bornéo, qui résidait depuis trois ou quatre ans à la cour de Pan, tua le roi, qui reposait sur son lit. Le peuple s'étant soulevé à cette occasion, commit d'affreuses violences, pilla le comptoir des Portugais, qui perdirent onze hommes dans leur défense. Thomé Lobo n'échappa au massacre qu'avec six coups d'épée, et n'eut pas d'autre ressource que de se retirer dans ma lanchare, sans avoir pu sauver la moindre partie de ses marchandises. Elles montaient à cinquante mille ducats en or et en pierreries seulement. Cette sédition, qui avait coûté la vie à plus de quatre mille personnes dans l'espace d'une seule nuit se ralluma le lendemain si furieusement, que, pour éviter le danger d'y périr, nous mîmes à la voile pour Patane, où la faveur du vent nous fit arriver dans six jours.

Les Portugais, dont le nombre était assez grand dans cette

cour, prirent d'autant plus de part à l'infortune de Lobo, qu'un si terrible exemple de la perfidie des Indiens leur remettait vivement devant les yeux ce qu'ils avaient à redouter pour eux-mêmes. Ils se rendirent tous au palais du roi ; et lui ayant fait leurs plaintes, au nom du gouverneur de Malaca, ils lui demandèrent, avec beaucoup de fermeté, la permission d'user de représailles sur toutes les marchandises du royaume de Pan, qui se trouvaient dans ses Etats. Cette proposition lui parut juste. Neuf jours après, on reçut avis qu'il était entré dans la rivière de Calantan trois jonques fort riches, qui revenaient de Chine pour divers marchands panois. Aussitôt quatre-vingts Portugais s'étant joints à ceux de ma lanchare, nous équipâmes deux fustes et un navire rond, de tout ce qui nous parut nécessaire à notre entreprise, et nous partîmes avec assez de diligence, pour prévenir les informations que nos ennemis pouvaient recevoir des mahométans du pays. Notre chef fut Jean Fernandez d'Abreu, fils du père nourricier de don Juan, roi de Portugal. Il montait le vaisseau rond avec quarante soldats. Les deux fustes étaient commandées par Laurent de Goez et Vasco Sermento, tous deux d'une valeur et d'une expérience reconnues.

Nous arrivâmes, le lendemain, dans la rivière Calantan, où les trois jonques étaient à l'ancre. Leur résistance fut d'abord aussi vive que l'attaque ; mais, en moins d'une heure, nous leur tuâmes soixante-quatorze hommes, sans avoir perdu plus de trois des nôtres. Nos blessés, quoique en grand nombre, ne laissant pas d'agir ou de se montrer les armes à la main, l'ennemi, consterné de sa perte, tandis qu'il croyait encore nous voir toutes nos forces, se rendit en demandant

la vie pour unique grâce. Nous retournâmes triomphants à
Patane, avec un butin qui ne passa que pour le juste dédom-
magement des cinquante mille ducats de don Pédro, mais qui
montait à plus de deux cent mille taëls, c'est-à-dire à trois
cent mille ducats de notre monnaie. Le roi de Patane exigea
seulement que les trois jonques fussent rendues à leurs capitaines; et nous lui donnâmes volontiers cette marque de re
connaissance et de soumission.

III

GOJA-ACEM

Peu de temps après, on vit arriver à Patane une fuste commandée par Antonio de Faria Sousa, parent du gouverneur de Malaca, qui venait de sa part avec une lettre et des présents considérables, sous prétexte de remercier le roi de la protection qu'il accordait à la nation portugaise, mais, au fond, pour achever dans ses Etats l'établissement de notre commerce. Antonio Faria, dont le nom est devenu célèbre autant par ses fureurs que par ses exploits, était un gentilhomme sans fortune, qui était venu la chercher aux Indes, sous la protection d'un homme de son sang et de son nom. Il apportait à Patane pour dix ou douze mille écus de drap et de toiles des Indes, qu'il avait prises à crédit de quelques marchands de Malaca. Cette espèce de marchandise ne lui promettant pas beaucoup de profit dans cette cour, on lui conseilla de l'envoyer à Lugor, grande ville de la dépendance du royaume de Siam, où l'on publiait qu'à l'occasion de l'hommage que quatorze rois y devaient rendre à celui de Siam, il s'était assemblé une prodigieuse quantité de jonques et de marchands. Faria choisit pour son facteur un Portugais, nommé Christophe Boralbo, qui entendait parfaitement le commerce, et lui confia ses marchandises dans un petit vaisseau, qu'il loua au port de Patane. Seize autres Portugais, soldats et marchands, s'embarquèrent avec Boralho, dans l'espérance qu'un écu leur en rapoorterait six ou sept. Je me laissai vaincre aussi par ses magnifiques promesses, et je m'engageai dans ce fatal voyage. Nous partîmes avec un vent favorable, et trois jours nous ayant rendus dans la rade de Lugor, nous mouillâmes à l'entrée de la rivière pour y prendre des informations. On nous assura qu'en effet il se trouvait déjà dans le port de cette ville plus de quinze cents bâtiments tous chargés de précieuses marchandises.

Nous étions à dîner, dans la joie d'une si bonne nouvelle et prêts à faire voile avant la fin du jour, lorsque nous vîmes sortir de la rivière une grande jonque, qui, nous ayant reconnus pour des Portugais, se laissa dériver sur nous sans aucune apparence d'hostilité, et nous jeta aussitôt des grappins attachés à deux longues chaînes de fer. A peine fûmes-nous accrochés, que nous vîmes sortir de dessous le tillac de la jonque soixante-dix ou quatre-vingts Maures, qui, poussant de grands cris, firent sur nous un feu prodigieux. De dix-huit Portugais que nous étions, quatorze furent tués en un instant, avec trente-six Indiens de l'équipage. Mes trois compagnons et moi, nous prîmes de concert l'unique voie de salut qui semblait nous rester ; ce fut de nous jeter dans la mer pour gagner la terre dont nous n'étions pas éloigné. Un des trois n'en eut pas moins le malheur de se noyer. J'arrivai sur la rive avec les deux autres. Tout blessés que nous étions, nous traversâmes heureusement la vase, où nous enfoncions jusqu'au milieu du corps. Enfin nous nous approchâmes d'un bois, qui nous promit quelque sûreté, et d'où nous eûmes le spectacle de la barbarie des Maures. Ils achevèrent de tuer six ou sept matelots déjà blessés, qui restaient de notre équipage, après quoi, s'étant hâtés de transporter nos marchandises dans leur jonque, ils firent une grande ouverture à notre vaisseau, qui le fit couler à fond devant nos yeux ; et, dans la crainte d'être reconnus, ils mirent aussitôt à la voile.

Dans la douleur profonde où je demeurai avec deux compagnons blessés, sans espérance de remède, l'imagination troublée de tout ce qui s'était passé à notre vue dans l'espace d'une demi-heure, nous ne pûmes retenir nos larmes, et tournant notre fureur contre nous-mêmes, nous commençâmes à nous déchirer le visage. Cependant, après avoir considéré notre situation, la crainte des bêtes farouches qui pouvaient nous attaquer dans le bois, et la difficulté de sortir, avant les ténèbres, des marécages dont nous étions environnées, nous firent prendre le parti de rentrer dans la fange et d'y passer la nuit, enfoncés jusqu'à l'estomac. Le lendemain à la pointe du jour, nous suivîmes le bord de la rivière, jusqu'à un petit canal que sa profondeur et la vue de quantité de grands lézards nous ôtèrent la hardiesse de passer. Il fallut demeurer la nuit dans le même lieu. Le jour suivant ne changea rien à notre misère, parce que l'herbe était si haute et la terre si molle dans les marais, que le courage nous manqua pour tenter le passage. Nous vîmes ce jour-là un de nos compagnons, nommé Sébastien Enriquez, homme riche, qui avait perdu huit mille écus dans le vaisseau. Il ne restait que

Christophe Boralbo et moi, qui nous mîmes à pleurer, au
bord de la rivière, sur le corps à demi enterré; car nous
étions si faibles, qu'à peine avions-nous la force de parler, et
nous comptions déjà achever dans ce lieu notre misérable vie.
Le troisième jour, vers le soir, nous aperçûmes une grande
barque chargée de sel qui remontait à la rame. Notre premier mouvement fut de nous prosterner; et l'espérance nous
rendant la voix, nous suppliâmes les rameurs, qui nous re-
gardaient avec étonnement, de nous prendre avec eux. Mais
ils paraissaient disposés à passer sans nous répondre, ce qui
nous fit redoubler nos cris et nos gémissements. Alors une
vieille femme, sortie du fond de la barque, fut si touchée de
notre douleur et des plaies que nous lui montrions, qu'elle
prit un bâton, dont elle frappa quelques matelots, et les faisant approcher de la rive, elle les força de nous prendre sur
leurs épaules, et de nous apporter à ses pieds. Sa figure n'é-
tait distinguée que par un air de gravité qui faisait reconnaître le pouvoir qu'elle avait sur eux; elle nous fit donner
tous les secours qui convenaient à notre misère; et tandis
que nous mangions avidement ce qu'elle nous présentait de
sa propre main, elle nous consolait par ses exhortations. Je
savais assez le malais pour l'entendre. Elle nous dit que notre désastre lui rappelait tous les siens; que son âge n'étant
que de cinquante ans, il n'y en avait pas six qu'elle s'était
vue esclave et volée de cent mille ducats de son bien; que
cette infortune avait été suivie du supplice de son mari et de
ses trois fils, que le roi de Siam avait fait mettre en pièces
par les trompes des éléphants, et que, depuis des pertes si
cruelles, elle n'avait mené qu'une vie triste et languissante.

Après nous avoir fait le récit de ses peines, elle voulut être informée des nôtres. Ses gens, qui écoutèrent aussi notre malheureuse histoire, nous dirent que la grande jonque, dont nous leur fîmes la peinture, ne pouvait être que celle de Coja-Acem, Guzarate de nation, qui était sorti le matin du port, pour faire voile à l'île d'Aïnan. La dame indienne confirmant leur idée, ajouta qu'elle avait vu, à Lugor, ce redoutable mahométan; qu'il se vantait d'avoir donné la mort à quantité de Portugais, et d'avoir promis à son prophète de les traiter sans pitié, parce qu'il accusait un capitaine de leur nation, nommé Hector de Sylveira, d'avoir tué son père et deux de ses frères, dans un navire qu'il leur avait pris au détroit de la Mecque.

Nous apprîmes ensuite que cette dame était veuve d'un capitaine-général qui s'était attiré la disgrâce du roi, et le châtiment qu'elle déplorait. Sa fortune, qu'elle avait réparée par une sage conduite, la mettait en état de faire un riche commerce de sel. Elle venait d'une jonque qui lui était arrivée dans la rade, mais qui était trop grande pour passer à la barre; ce qui l'obligeait d'employer une barque pour transporter son sel dans ses magasins. Elle s'arrêta le soir dans un petit village, où elle fit prendre soin de nous pendant la nuit. Le lendemain, elle nous conduisit à Lugor, qui est cinq lieues plus loin dans les terres. Nous lui étions redevables de la vie; mais ne se bornant point à cette faveur, elle nous donna une retraite dans sa maison. Nous y passâmes vingt-trois jours, pendant lesquels nos blessures furent pansées avec des témoignages d'affection dignes de la charité chrétienne. Lorsqu'elle nous vit en état de retourner à Patane,

2

elle mit le comble à ses bienfaits en nous recommandant au patron d'un navire indien, qui nous y conduisit en sept jours, et qui ne nous traita pas avec moins d'humanité.

IV

ANTONIO DE FARIA

Notre retour était attendu avec d'autant plus d'impatience par tous les Portugais de Patane, que la plupart avaient profité d'une si belle occasion pour envoyer quelques marchandises à Lugor. Aussi la perte de notre vaisseau fut-elle estimée soixante-dix mille ducats, qui, suivant les espérances communes, devaient produire six ou sept fois la même somme. Antonio de Faria, plus ardent que les autres par son caractère, et parce qu'il avait regardé le succès de notre voyage comme le fondement de sa fortune, tomba dans une consternation inexprimable, en apprenant de notre bouche le sort de son vaisseau. Il garda un profond silence pendant plus d'une demi-heure. Ensuite, comme s'il eût employé ce temps à former ces résolutions, il répondit à ceux qui entreprirent de le consoler, qu'il n'avait pas la force de retourner à Malaca, pour paraître aux yeux de ses créanciers, et qu'ayant le malheur de se trouver insolvable, il lui semblait plus juste de poursuivre ceux qui lui avaient enlevé ses marchandises, que de porter de frivoles excuses à l'honnêtes négociants, dont il avait trahi la confiance.

Là-dessus s'étant levé d'un air furieux, il jura sur l'Evangile de chercher par mer et par terre celui qui lui avait ravi son bien, et de le faire restituer au centuple. Tous ceux qui furent témoins de son serment louèrent cette généreuse résolution. Il trouva parmi eux quantité de jeunes gens qui s'engagèrent à l'accompagner. D'autres lui offrirent de l'argent. Il accepta leurs offres ; et ses préparatifs se firent avec tant de diligence, que dans l'espace de huit jours il équipa un vaisseau, et s'associa cinquante-cinq hommes, qui jurèrent à leur tour de vaincre ou de périr avec lui. Je fus de ce nombre, car j'étais sans un sou, et je ne connaissais personne qui fût disposé à me prêter ; je devais à Malaca plus de cinq cents ducats, que j'avais emprunté de plusieurs amis. Enfin je ne possédais que mon corps, qui avait même été blessé de trois coups de javelot, et d'un coup de pierre à la tête, pour lequel j'avais souffert deux opérations qui avaient exposé ma vie au dernier danger.

Après avoir fait ses préparatifs, Faria mit à la voile un samedi 9 de mai 1340, vers le royaume de Champa, dans le dessein de visiter les ports de cette côte, où son espérance était d'enlever des vivres et des munitions de guerre. Quelques jours de navigation nous firent arriver à la vue de Polo-Condor, île située vers huit degrés vingt minutes du nord, à l'embouchure de la rivière de Combaie. Nous y découvrîmes, à l'est, un bon havre nommé *Bralapisan*, à six lieues de la terre ferme, où se trouvait à l'ancre une jonque de Lequios qui menait à Siam un ambassadeur du nautaquin de Lindau, prince de l'île de Tosa. Ce bâtiment ne nous eut pas plus tôt aperçus, qu'il fit voile vers nous.

L'ambassadeur nous dépêcha sa chaloupe, envoya complimenter Faria, et lui fit offrir un coutelas de grand prix, dont la poignée et le fourreau étaient d'or, avec vingt-six perles dans une boîte du même métal. Quoique ce présent même nous fît prendre une haute idée des richesses de la jonque, et que notre premier dessein eût été de l'attaquer, la générosité prit le dessus dans le cœur de Faria. Il regretta de ne pouvoir répondre aux civilités de l'ambassadeur par d'autres marques de reconnaissance, que la liberté qu'il lui laissa de continuer sa route. Nous descendîmes au rivage, où nous employâmes trois jours à nous pourvoir d'eau et de poisson. De là, nous étant approchés de la terre ferme, nous entrâmes le dimanche, dernier jour de mai, dans la rivière qui divise les royaumes de Cambaie et de Champa. L'ancre fut jetée vis-à-vis d'un grand bourg, nommé Catinparu, à trois lieues dans les terres. Pendant douze jours que nous y passâmes à faire des provisions, Faria, naturellement curieux, prit des informations sur le pays et ses habitants. On lui apprit que la rivière naissait d'un lac nommé *Pinator*, à deux cent cinquante lieues de la mer, dans le royaume de Quirivan ; que ce lac était environné de hautes montagnes, au pied desquelles on trouvait sur le bord de l'eau trente-deux villages ; que près d'un des plus grands, qui se nommait Chincalou, il y avait une mine d'or très-riche, d'où l'on tirait chaque année la valeur de vingt-deux millions de notre monnaie ; qu'elle faisait le sujet d'une même famille, à qui la naissance y donnait les mêmes droits ; que l'un d'eux, nommé Raja Hitau, avait sous terre, dans la cour de sa maison, six cents bahards d'or en poudre ; enfin que , près d'un autre de ces villages nommé Baquirim, on tirait d'une carrière quantité de diamants fins , plus précieux que ceux de Lave et de Tajampoure. Faria conçut , après avoir observé la situation et les forces du pays, qu'avec un peu de courage, trois cents Portugais lui auraient suffi pour se rendre maître de toutes ces richesses ; mais ses forces présentes ne lui permettaient pas d'entreprendre une si belle expédition.

Nous reprîmes la côte du royaume de Champa, jusqu'au port de *Saley-Jacan* , qui est à dix-sept lieues de la rivière. La fortune ne nous offrit rien dans cette route. Nous comptâmes , dans la rade de Saley-Jacan , six bourgs , dans l'un desquels on découvrait plus de mille maisons, environnées d'arbres fort hauts et d'un grand nombre de ruisseaux , qui descendaient d'une montagne du côté du sud. Le jour suivant nous arrivâmes à la rivière de *Toobazoy*, où le pilote n'osa s'engager, parce qu'il n'en connaissait pas l'entrée ; mais ayant jeté l'ancre, nous découvrîmes une grande jonque qui venait de la haute mer vers ce port. Faria résolut de l'attendre sur l'ancre ; et, pour se donner le temps de la reconnaître , il arbora le pavillon du pays, qui est un signe d'amitié dans ces mers. Mais les Indiens , au lieu de répondre par le même signe , ne nous eurent pas plutôt reconnus pour des Portugais, qu'ils firent un grand bruit de tambours, de trompettes et de cloches. Faria , vivement offensé, n'attendit pas plus d'éclaircissement pour leur faire tirer une volée de canons. Ils y répondirent de cinq petites pièces qui composaient toute leur artillerie. Cette audace nous faisant juger de leurs forces , Faria , qui voyait la nuit fort proche, prit la résolution d'attendre le lendemain pour ne rien donner au hasard dans l'obscurité. Les Indiens, sans rien perdre de leur confiance, jetèrent l'ancre à l'entrée de la rivière.

Vers deux heures après minuit, nous vîmes flotter sur la mer quelque chose qu'il nous fut impossible de distinguer. Faria dormait sur le tillac. Il fut éveillé, et ses yeux, plus perçants que les nôtres, lui firent découvrir trois barques à rames qui s'avançaient vers nous. Il ne douta pas que ce fût l'ennemi du jour précédent, qui faisait plus de fond sur la perfidie que sur la valeur. Il ordonna de prendre les armes et de préparer les pots à feu ; il recommanda de cacher les mèches pour faire croire que nous étions endormis. Les trois barques s'approchèrent à la portée de l'arquebuse, et s'étant séparées pour nous environner, deux s'attachèrent à notre poupe, et l'autre à la proue. Les Indiens montèrent si légèrement à bord que, dans l'espace de quelques minutes, ils y étaient au nombre de quarante. Alors Faria, sortant de dessous le demi-pont avec une troupe d'élite, fondit si furieusement sur eux, en invoquant Jésus-Christ et saint Jacques, qu'il en tua d'abord un grand nombre. Ensuite les pots à feu, qui furent jetés fort adroitement, achevèrent de les défaire, et de forcer le reste de se précipiter dans les flots. Nous sautâmes dans les trois barques, où il restait peu de monde. Elles furent prises sans résistance. Entre les prisonniers qui tombèrent entre nos mains étaient quelques nègres, un Turc, deux Achémois, et le capitaine de la jonque, nommé Similau, grand corsaire et mortel ennemi des Portugais. Faria donna ordre que la plupart fussent mis à la torture, pour en tirer des connaissances qu'il croyait importantes à nos entreprises. Un nègre, qu'on se disposait à tourmenter, demanda grâce, et déclara qu'il était chrétien. Il nous apprit volontairement qu'il se nommait Sébastien, qu'il avait été captif de don Gaspar de Mello, capitaine portugais, que Similau avait massacré deux ans auparavant à Lampio, sans avoir épargné un seul Portugais de l'équipage ; que ce corsaire s'était flatté de nous faire subir le même sort ; et qu'ayant pris tous ces hommes de guerre dans les trois barques, il n'avait laissé dans sa jonque que trente matelots chinois. Faria, qui n'ignorait pas le malheur de Mello, remercia le ciel de l'avoir choisi pour le venger. Il fit sauter sur-le-champ la cervelle à Similau avec un frontail de cordes, supplice qui avait été celui de Mello. Ensuite s'étant mis avec trente soldats dans les mêmes barques où l'ennemi était venu, il se rendit à bord de la jonque, dont il n'eut pas de peine à se saisir. Quelques pots à feu qu'il fit jeter sur le tillac firent sauter tous les matelots dans la mer. Mais le besoin qu'il avait d'eux pour la manœuvre l'obligea d'en sauver une partie. Dans l'inventaire de cette prise qu'il fit faire le matin, il se trouva trente-six mille taëls d'argent du Japon, qui valent cinquante mille ducats de monnaie portugaise, avec plusieurs sortes de marchandises. Quantité de feux qui s'étaient allumés sur la côte, nous faisant juger que les habitants se disposaient peut-être à nous attaquer, nous ne pensâmes qu'à faire voile en diligence.

V

BATAILLES

On nous avait appris que si Coja-Acem exerçait le commerce, c'était dans l'île d'Aynan qu'il le fallait chercher, parce
que tous les vaisseaux marchands s'y rassemblaient dans
cette saison. Nous allâmes droit à l'île d'Aynan, où passant
l'écueil de Pulo-Capas, nous commençâmes à ranger la terre,
dans la seule vue de reconnaître les ports et les rivières de
cette côte. Quelques soldats, qui furent envoyés à terre sous
la conduite de Boralho, rapportèrent qu'ayant pénétré jusqu'à
la ville, qui leur avait paru composée de plus de dix mille
maisons, et revêtue de murs avec un fossé plein d'eau, ils
avaient vu dans le port un si grand nombre de navires, qu'ils
en avaient compté jusqu'à deux mille. A leur retour, ils découvrirent, à l'embouchure de la rivière, une grosse jonque à
l'ancre, qu'ils crurent reconnaître pour celle de Coja-Acem.
Cette conjecture, qu'ils se hâtèrent d'apporter à Faria, lui
causa tant de satisfaction, que, sans perdre un moment, et
laissant son ancre en mer, il donna ordre de faire voile, en
répétant que son cœur l'avertissait qu'il touchait à l'heure de
la vengeance.

Nous nous approchâmes de la jonque avec une tranquillité qui nous fit passer pour des marchands. Outre le dessein de tromper notre ennemi par les apparences, nous appréhendions d'être entendus de la ville, et de voir tomber sur nous tous les navires qui étaient dans le port. Aussitôt que nous fûmes près du bord indien, vingt de nos soldats, qui n'attendaient que cet instant, y sautèrent avec une impétuosité qui leur épargna la peine de combattre. La plupart de nos ennemis, effrayés de ce premier mouvement, se jetèrent dans les flots. Cependant quelques-uns des plus braves se rassemblèrent pour faire tête. Mais Faria, suivant aussitôt avec vingt autres soldats, fit un furieux carnage de ceux qui avaient entrepris de résister. Il en tua plus de trente; et d'un équipage assez nombreux, le feu n'épargna que ceux qui s'étaient jetés dans la mer, et qu'on en fit retirer, autant pour servir à la navigation de nos propres vaisseaux, que pour déclarer quel était leur chef. On en mit quatre à la torture; mais ils souffrirent la mort avec *une constance brutale*. On allait exposer aux mêmes tourments un petit garçon qu'on espérait de faire parler plus facilement, lorsqu'un vieillard qui était couché sur le tillac s'écria, la larme à l'œil, que c'était son fils, et qu'il demandait d'être entendu avant que ce malheureux enfant fût livré aux supplices. Faria fit arrêter l'exécuteur. Mais après avoir promis au père la vie et la liberté s'il s'expliquait de bonne foi, avec la restitution de toutes les marchandises qui étaient à lui, il jura que, pour le punir de la moindre imposture, il le ferait jeter dans la mer avec son fils. Ce vieillard, que nous prenions encore pour un mahométan, répondit qu'il acceptait cette condition; que s'il remerciait Faria de la vie qu'il accordait à son fils, il lui offrait la sienne, dont il faisait peu de cas à son âge; mais qu'il ne s'en fierait pas moins à sa parole, quoique la profession qu'il lui voyait exercer fût peu conforme à la loi chrétienne, dans laquelle ils étaient nés tous deux.

Une réponse si peu attendue parut causer un peu de confusion à Faria. Il fit approcher le vieillard, et le voyant aussi blanc que nous, il lui demanda s'il était Turc ou Persan ? La curiosité nous avait rassemblés tous autour de lui, pour écouter son histoire. Il nous dit qu'il était Arménien d'origine, et né au Mont-Sinaï d'une fort bonne famille; que son nom était Thomas Mostangen; que se trouvant, en 1538, au port de Jedda, avec un vaisseau qui lui appartenait, Soliman Pacha, vice-roi du Caire, qui allait faire le siége de Diu, l'avait fait prendre avec d'autres vaisseaux marchands, pour servir au transport de ses vivres et de ses munitions; qu'après avoir rendu ce service aux Turcs, et lorsqu'il leur avait demandé le salaire qu'on lui avait promis, non-seulement ils lui avaient manqué de parole, mais qu'ils lui avaient pris sa femme et sa fille, et qu'ils avaient jeté son fils dans la mer, pour leur avoir reproché cette injure ; qu'ensuite s'étant vu enlever son vaisseau et la valeur de six mille ducats, qui faisaient la meilleure partie de son bien, le désespoir l'avait conduit à Surate, avec le fils qui était à bord, et le seul qui lui restait; que de là ils s'étaient rendus à Malaca dans le navire de don Garcie de San, gouverneur de Bacaïm, d'où il était parti pour la Chine avec Christophe de Sardinha, qui avait été facteur aux Moluques ; mais qu'étant à l'ancre dans le détroit de Sincapar, Quiay Majano, maître de la jonque dont nous venions de nous saisir, avait surpris le vaisseau portugais pendant la nuit ; qu'il s'en était rendu maître par la mort du capitaine et de tout l'équipage, et que de vingt-sept chrétiens, il était le seul à qui la vie eût été conservée avec celle de son fils, parce que le corsaire avait reconnu qu'il n'était pas mauvais canonnier.

Faria ne put entendre ce récit sans se frapper le front d'étonnement : Mon Dieu, mon Dieu, dit-il, il me semble que ce que j'entends est un songe. Ensuite se tournant vers ses soldats, il leur raconta l'histoire du corsaire, qu'il avait apprise en arrivant aux Indes. C'était un des plus cruels ennemis du nom portugais. Il en avait tué de sa propre main plus de cent, et le butin qu'il avait fait sur eux montait à plus de cent mille ducats. Quoique son nom fût Quiay Tajana, sa vanité lui avait fait prendre celui de capitaine Sardinha, depuis qu'il avait massacré cet officier. Nous demandâmes à l'Arménien ce qu'il était devenu. Il nous dit qu'étant fort blessé, il s'était caché dans la fonte entre les cables avec six ou sept de ses gens. Faria s'y rendit aussitôt, et nous ouvrîmes l'écoutille des cables. Alors ce brigand, désespéré, sortit par une autre écoutille à la tête de ses compagnons, et se jeta si furieusement sur nous, que, malgré l'extrême inégalité du nombre, le combat dura près d'un quart d'heure. Ils ne quittèrent les armes qu'en expirant. Nous ne perdîmes que deux Portugais et sept Indiens de l'équipage ; mais vingt furent blessés, et Faria reçut lui-même deux coups de sabre sur la tête et un troisième sur le bras. Après cette sanglante victoire, il fit mettre à la voile, dans la crainte d'être poursuivi. Nous allâmes mouiller le soir sous une petite île déserte, où le partage du butin se fit tranquillement. On trouva dans la jonque cinq cents bahars de poivre, soixante de sandal, quarante de noix muscades et de macis, quatre-vingts d'étain, trente d'ivoire, et d'autres marchandises qui montaient, suivant le cours du commerce, à la valeur de soixante-dix mille ducats. La plus grande partie de l'artillerie était portugaise. Entre quantité de meubles et d'habits de notre nation, nous fûmes surpris de voir des coupes, des chandeliers, des cueillers et de grands bassins d'argent doré. C'était la dépouille de Sardinha, de Juan Oliveyra, et de Barthélemi de Matos, trois de nos plus braves officiers, dont les vaisseaux avaient été la proie du corsaire. Mais la vue de tant de richesses ne diminua point notre compassion pour neuf petits enfants, âgés de six à huit ans, qui furent trouvés dans un coin enchaînés par les mains et les pieds.

Le lendemain, Faria, prenant plus de confiance que jamais à sa fortune, ne fit pas difficulté de retourner vers la côte d'Aynan, où il ne désespérait pas encore de rencontrer Coja-Acen. Cependant quelques pêcheurs de perles, dont il reçut des rafraîchissements dans la baie de Camoy, lui annoncèrent l'approche d'une flotte chinoise; et le prenant d'ailleurs pour un négociant, malgré quelques soupçons qu'ils ne purent cacher à la vue des étoffes et des meubles précieux qu'ils voyaient entre les mains de ses soldats, ils lui firent une peinture si rebutante des obstacles qu'il trouverait à la Chine, où son dessein était d'aller vendre effectivement ses marchandises, qu'il résolut de chercher quelque autre port. Ses vaisseaux étaient déjà si chargés, qu'il leur arrivait souvent d'échouer sur les bancs de sable dont cette mer est remplie. Ce-

pendant il était attendu par de nouveaux obstacles, à l'embouchure de la rivière de Tananquir,,.

Pendant qu'il s'efforçait d'y entrer, sur l'espérance que les
pêcheurs de Camoy lui avaient donnée d'y trouver un bon
port, il fut attaqué par deux grandes jonques, qui descendaient
cette rivière à la faveur du vent et de la marée. Leur première
salve fut de vingt-six pièces d'artillerie; et se trouvant presque sur nous, avant que nous eussions pu les découvrir, elles
nous abordèrent avec une redoutable nuée de dards et de flè-,
ches. Nous n'évitâmes cette tempête qu'en nous retirant sous
le demi-pont, d'où Faria nous fit amuser les ennemis à coups
d'arquebuses, pendant l'espace d'une demi-heure, pour leur
donner le temps d'épuiser leurs munitions. Mais quarante de
leurs plus braves gens sautèrent enfin sur notre bord, et nous
mirent dans la nécessité de les recevoir. Le combat devint si
furieux, que le tillac fut bientôt couverts de morts. Faria fit
des prodiges de valeur. Les Indiens, commençant à se refroi-
dir par leur perte, qui était déjà de vingt-six hommes, vingt
Portugais prirent ce moment pour se jeter dans la jonque de
leurs ennemis, où cette attaque imprévue leur fit trouver peu
de résistance. Ainsi la victoire se déclarant pour eux sur l'un
et l'autre bord, ils pensèrent à secourir Boralho, qui était aux
prises avec la seconde jonque. Faria lui porta sa fortune avec
l'exemple de son courage. Enfin, les deux jonques tombèrent
sous son pouvoir. Il en avait coûté la vie à quatre-vingts
Indiens; et, par une faveur extraordinaire du ciel, il ne se
trouva parmi les morts qu'un seul Portugais et quatorze
hommes d'équipage, quoique les blessés fussent en très-

grand nombre. Ces deux jonques appartenaient aux corsaires chinois.

Le butin fut estimé environ quarante mille taëls. On trouva dans les deux jonques dix-sept pièces d'artillerie de bronze, aux armes du Portugal. Quoique ces deux bâtiments fussent très-bons, Faria se vit obligé d'en faire brûler un, faute de matelots pour le gouverner. Le lendemain, il voulut tenter encore une fois d'entrer dans la rivière, mais quelques pêcheurs, qu'il avait pris pendant la nuit, l'avertirent que le gouverneur de cette province avait toujours été d'intelligence avec le corsaire, qui lui cédait le tiers de ses prises pour obtenir sa protection dont il jouissait depuis long-temps. Cette nouvelle nous fit prendre le parti de chercher un autre port. On se détermina pour Mutipinam, qui est plus éloigné de quarante lieues à l'est, et fréquenté par les marchands de Laos, de Pafenas et de Gueos.

Nous fîmes voile, avec trois jonques et le premier vaisseau dans lequel nous étions partis de Patane, jusqu'à Tillanuméra, où la force des courants nous obligea de mouiller. Après nous être ennuyés trois jours à l'ancre, la fortune nous y amena vers le soir quatre lantées, espèce de barques à rames, dont l'une portait la fille du gouverneur de Colem, mariée depuis peu au fils d'un seigneur de Pandurée. Elle allait joindre pour la première fois son mari, qui devait venir au-devant d'elle avec un cortége digne de leur sang. Mais ceux qui la conduisaient, ayant pris nos jonques pour celles qu'ils espéraient de rencontrer, vinrent tomber entre nos mains. Faria fit cacher tous les Portugais. La jeune mariée, paraissant elle-même, demandait déjà son mari; lorsque, pour réponse, une troupe de nos gens sautèrent dans les lantées, et s'en rendirent les maîtres. Nous fîmes passer aussitôt notre prise à bord. Faria se contenta de retenir la jeune mariée, et deux de ses frères qui étaient jeunes, blancs et de fort bonne mine, avec vingt matelots qui nous devinrent fort utiles pour la manœuvre de nos jonques. Sept ou huit hommes qui formaient le cortége, et plusieurs femmes âgées, de celles qui se louent pour chanter et jouer des instruments, furent laissées sur la côte. Le lendemain, étant partis de ce lieu, nous rencontrâmes la petite flotte du seigneur de Pandurée qui passa près de nous avec des bannières de soie, et faisant retentir l'air du bruit des instruments, sans se défier que nous enlevions sa femme. Dans le dessein où nous étions de nous rendre à Mutipinam, Faria ne jugea point à propos d'arrêter cette troupe joyeuse, et n'avait même été déterminé que par l'occasion à troubler la joie qui régnait aussi dans les lantées.

Trois jours après, étant arrivés à la vue de ce port, nous mouillâmes, sans bruit, dans une anse, à l'embouchure de la rivière, pour nous donner le temps d'en faire sonder l'entrée, et de prendre des informations pendant la nuit. Douze soldats, qui furent envoyés dans une barque, sous la conduite de Martin Dalpoem, nous amenèrent deux hommes du pays, qu'ils avaient enlevés avec beaucoup de précaution. Faria défendit d'employer les tourments pour tirer d'eux les éclaircissements qui convenaient à notre sûreté. Ils nous apprirent naturellement que tout était tranquille dans le port, et que, depuis neuf jours, il y était arrivé quantité de marchands des royaumes voisins. Une si belle occasion de nous défaire de nos marchandises nous fit tourner notre reconnaissance vers le ciel. Nous récitâmes, avec beaucoup de dévotion, les litanies de la Vierge, et nous promîmes de riches présents à *Notre-Dame-du-Mont*, qui est proche de Malaca, pour l'embellissement de son église. A la pointe du jour, Faria rendit la liberté aux Indiens, et leur fit quelques présents. Ensuite ayant fait orner les hunes de nos vaisseaux, déployer nos bannières et nos flammes, avec pavillon de marchandise, suivant l'usage du pays, il alla jeter l'ancre dans le port sous le quai de la ville.

Nous fûmes reçus comme des marchands de Siam, dont nous avions pris le nom ; et, sans autre difficulté que celles des droits qui furent réglés à cent pour mille, nous nous défîmes en peu de jours de tout le butin que nous avions acquis au prix de notre sang. On en fit la somme de cent trente mille taëls en lingots d'argent. Malgré toute la diligence qu'on y avait apporté, les habitants furent informés, avant le départ de Faria, du traitement qu'il avait fait au corsaire, dans la rivière de Tananquir. Ils commencèrent alors à nous regarder d'un œil si différent, que, n'osant plus nous fier à leurs intentions, nous nous hâtâmes de remettre à la voile.

Faria s'était mis dans la plus grande de nos jonques, avec le titre et le pavillon de général ; mais on s'aperçut qu'elle puisait beaucoup d'eau. Diverses informations nous faisaient regarder la rivière de Madel, dans l'île d'Ayman, comme un lieu convenable à nos besoins, par la facilité que nous y devions trouver pour échanger cette jonque et pour la radouber. Nous n'étions arrêtés que par l'éclat de nos expéditions, qui devaient nous y avoir fait beaucoup d'ennemis. Cepen-

dant deux considérations nous firent passer sur cette crainte;
l'une fut celle de nos forces, qui nous mettaient à couvert
de la surprise, et qui nous rendaient capables de nous me-
surer avec toutes les puissances qui ne seraient pas celles
des rois et des mandarins ; l'autre, une juste confiance aux
motifs de notre général, autant qu'à sa valeur, car son intention n'était que de rendre le change aux corsaires qui avaient
ôté la vie et les biens à quantité de chrétiens, et jusqu'alors
toutes nos richesses nous paraissaient bien acquises. Après
avoir lutté pendant douze jours contre les vents, nous arrivâmes au cap de Pulo Hindor, nom italien de l'île des Cocos.
De là, étant retourné vers la côte du sud, où nous fîmes quelques nouvelles prises, nous revînmes enfin vers le port de
Madel, et nous entrâmes dans la rivière le 8 septembre. Le
ciel, chargé de nuages depuis trois ou quatre jours, annon-
çait une de ces tempêtes qui portent le nom de typhons, et qui
sont fréquentes dans ces mers aux nouvelles lunes. Nous
vîmes plusieurs jonques qui cherchaient une retraite, qui
mouillaient dans les anses voisines.

Un fameux corsaire chinois, redouté des marchands, sous
le nom d'Hinimilau, entra dans la rivière après nous. Sa
jonque était grande et fort élevée. En s'approchant du lieu
où nous étions à l'ancre, il nous salua, suivant l'usage du
pays, sans nous avoir reconnus pour des Portugais. Nous le
prenions aussi pour un marchand chinois, qui redoutait
l'approche du typhon ; mais, tandis qu'il passait à la portée
de la voix, nous entendîmes crier distinctement dans notre
langue : Seigneur Dieu, miséricorde ! Ce cri, répété plusieurs
fois, nous fit juger qu'il venait de quelques malheureux

esclaves de notre nation. Faria, qui pouvait se faire entendre des matelots chinois, leur ordonna d'amener leurs voiles : ils passèrent sans lui répondre; et, jetant l'ancre un quart de lieue plus loin, ils commencèrent alors à jouer du tambour et faire briller leurs cimeterres. Quoique ces bravades semblassent marquer du courage et de la confiance dans quelques secours que nous ignorions, Faria dépêcha vers eux une barque bien équipée; elle revint bientôt avec un grand nombre de blessés qui n'avaient pu se défendre contre une nuée de dards et de pierres qu'on leur avait lancés du bord. Ce spectacle irrita si vivement Faria, que, faisant lever aussitôt les ancres, il s'approcha de l'ennemi jusqu'à la portée de l'arquebuse. A cette distance, il le salua de trente-six pièces de canon, entre lesquelles il y en avait quelques-unes de batterie, qui tiraient des balles de fonte. Toute la résolution des corsaires ne les empêcha point de couper leurs câbles pour se faire échouer sur la rive; mais Faria n'eut pas plus tôt reconnu leur dessein, qu'il les aborda furieusement. Le combat devint terrible. Ils étaient en si grand nombre, que, pendant plus d'une demi-heure, les forces se soutinrent de part et d'autre avec beaucoup d'égalité; mais enfin les corsaires, las, blessés ou brûlés, se jetèrent tous dans les flots, tandis que, poussant des cris de joie, nous continuâmes de presser une si belle victoire. Notre général, voyant périr un grand nombre de ces misérables, qui ne pouvaient résister à l'impétuosité du torrent, fit passer quelques soldats dans deux barques, avec ordre de sauver ceux qui voudraient accepter leurs secours. On en sauva seize, entre lesquels était Hinimilau, capitaine de la jonque.

Il fut amené devant Faria, qui fit d'abord panser ses plaies; ensuite il lui demanda ce qu'étaient devenus les Portugais que nous avions entendus sur son bord. Le corsaire répondit fièrement qu'il n'en savait rien ; mais la vue des tourments lui fit changer de langage. Il demanda un verre d'eau, parce que la sécheresse de son gosier lui ôtait l'usage de la voix, en promettant de voir ce qu'il aurait à répondre. On lui apporta de l'eau, dont il but avidement une excessive quantité. Alors, paraissant reprendre sa fierté avec ses forces, il dit à Faria qu'on trouverait ces Portugais dans la chambre de proue. Ils y étaient effectivement, mais égorgés. Ceux qui s'y étaient rendus pour finir leur captivité, apportèrent huit corps sur le tillac : une femme avec deux enfants de six à sept ans, à qui l'on avait coupé brutalement la gorge ; et cinq hommes fendus du haut en bas, et les boyaux hors du corps. Faria, touché jusqu'aux larmes d'un si triste spectacle, demanda au corsaire ce qui l'avait pu porter à cette cruauté. Il répondit que c'était une juste punition pour des traîtres, qui lui avaient attiré sa disgrâce en se montrant à nous, et que, pour les enfants, il suffisait qu'ils fussent de race portugaise pour avoir mérité la mort. Ses réponses à d'autres questions ne furent pas moins remplies d'*extravagance* et de fureur. Il se vanta d'avoir massacré un grand nombre de Portugais avec des circonstances si barbares, qu'elles nous firent lever les mains d'étonnement et d'horreur. L'indignation saisit Faria, qui, sans l'honorer du moindre reproche, le fit tuer à ses yeux. Il trouva dans la jonque, en soie, en étoffes, en musc, en porcelaines, etc., la valeur de quarante mille taëls, dont nous nous vîmes forcés de brûler une partie avec le corps même de la jonque, parce qu'ayant perdu quantité de braves matelots, il nous en restait trop peu pour la gouverner.

Tant d'exploits commençaient à rendre le nom de Faria si terrible, que les capitaines des jonques qui se trouvaient dans le port de Madel, apprenant bientôt cette dernière victoire, et se croyant menacés de la visite du vainqueur, lui firent offrir vingt mille taëls pour obtenir sa protection. Il reçut fort civilement leurs députés ; et s'engageant, par un serment redoutable, non seulement à les épargner, mais à les défendre, dans l'occasion, contre les corsaires dont ces mers étaient remplies, il leur accorda des passe-ports réguliers qu'il signa en son nom. Outre la somme qui lui avait été proposée, et qui fut payée fidèlement, un de ses gens nommé Costa, qu'il revêtit de la qualité de son secrétaire, acquit plus de quatre mille taëls pour la simple expédition des patentes. Après avoir passé quatorze jours dans le port de Madel, nous achevâmes de parcourir toute cette contrée, dans la seule vue de découvrir Coja-Acem. Nuit et jour, Faria n'était rempli que de cette idée ; il employa six mois entiers à prendre des informations, dont il ne tira pas d'autre fruit que d'avoir visité un grand nombre de havres et de ports.

VI

NAUFRAGE

Nous tenions la mer depuis si longtemps, que les soldats, ennuyés du travail, prièrent Faria de faire un partage exact du butin, comme il s'y était engagé à Patane ; chacun dans le dessein de quitter le métier des armes, et d'aller jouir tranquillement de sa fortune. Cette proposition fit naître de fâcheux différends. Cependant on convint de choisir Siam pour y passer l'hiver, et pour y vendre les marchandises qui restaient à partager. Après avoir juré cet accord, on alla mouiller dans une île assez éloignée de l'anse qu'on abandonnait ; et pendant douze jours on y attendit le vent qui devait nous conduire au repos. Il se leva aussi favorable que nous l'avions désiré ; mais la nouvelle lune d'octobre le fit changer, pour notre malheur, en une si furieuse tempête, que nous fûmes repoussés avec une violence incroyable contre l'île que nous avions quittée. Nous manquions de câbles, et ceux que nous avions encore étaient à demi pourris. Aussitôt que la mer avait commencé à s'enfler, et que le vent du sud nous eut pris à découvert en traversant la côte, l'idée du péril qui nous menaçait, nous avait fait couper les mâts, et jeter dans les flots quantité de marchandises. Mais la nuit devint si obscure, le temps si froid, et l'orage si violent, que n'espérant plus rien de nos propres efforts, nous fûmes réduits à tout attendre de la miséricorde du ciel. Elle n'était pas due sans doute à nos péchés. Vers deux heures après minuit, un épouvantable tourbillon jeta nos quatre vaisseaux contre la côte, et les brisa sans y laisser une planche entière.

Il y périt cent quatre-vingt-six hommes. A la pointe du jour, nous nous trouvâmes sur le rivage, au nombre de cinquante-trois, entre lesquels nous n'étions que vingt-trois Portugais; moins étonnés de notre naufrage que de nous voir à terre, sans savoir à quel hasard nous avions l'obligation de de notre salut. Heureusement Faria fut un de ceux à qui le ciel avait conservé la vie. Nous vîmes, avec autant d'effroi que de pitié, les cadavres de nos compagnons et de nos amis, dont le bord de la mer était couvert. Faria, déguisant sa douleur, nous exhorta par une courte harangue à ne pas perdre l'espérance. Quoique l'île fût déserte, il nous promit que les bois et le rivage nous fourniraient de quoi nous défendre contre la faim; et loin de renoncer à la fortune, il nous représenta que la misère même devant être un aiguillon pour le courage, nous ne pouvions trop attendre de l'avenir, en proportionnant cette attente à notre situation.

Nous employâmes deux jours à donner la sépulture aux morts. Quelques provisions mouillées que nous tirâmes des flots servirent à nous soutenir pendant ce triste office; mais comme ces vivres étaient trempés, la pourriture qui s'y mit bientôt ne nous permit pas d'en faire un long usage. En moins de cinq jours, il nous devint impossible d'en soutenir l'odeur et le goût. Nous nous vîmes forcés d'entrer dans les bois, où, nous trouvant sans armes, il nous servit peu de voir passer quantité de bêtes sauvages, que nous ne pouvions espérer de prendre à la course. Le froid et la faim nous avaient déjà si fort affaiblis, que plusieurs de nos compagnons tombaient morts en nous parlant. Faria continuait de nous ranimer par ses exhortations; mais un sombre silence, dans lequel il tombait souvent malgré lui, nous apprenait assez qu'il ne jugeait pas mieux que nous de notre sort. Un jour qu'il s'était assis pour nous faire manger, à son exemple, quelques plantes sauvages, que nous connaissions peu, un oiseau de proie qui s'était élevé derrière la pointe que l'île forme au sud, laissa tomber près de lui un poisson de la longueur d'un pied. Il le prit, et l'ayant fait rôtir aussitôt, il nous pénétra de tendresse et d'admiration, lorsqu'au lieu de le manger lui-même, il le distribua de ses propres mains entre les plus faibles et les plus malades.

Ensuite, jetant les yeux vers la pointe d'où l'oiseau était parti, il en découvrit plusieurs autres qui s'élevaient et se baissaient dans leur vol, ce qui lui fit juger qu'il y avait peut-être dans ce lieu quelque proie dont ces animaux se repaissaient. Nous y marchâmes en procession, pour attendrir le ciel par nos prières et par nos larmes. En arrivant au sommet de la colline, nous découvrîmes sous nos pieds une vallée fort basse, qui nous parut remplie d'arbres chargés de fruits, traversée par une rivière d'eau douce. La joie nous avait déjà fait rompre notre procession pour y descendre, lorsque nous aperçûmes un cerf fraîchement égorgé qu'un tigre commençait à dévorer. Nos cris firent aussitôt fuir le tigre, qui nous abandonna sa proie. Etant descendus dans la vallée, nous y fîmes un grand festin de la chair du cerf et des fruits qui s'y offraient en abondance. Nous y prîmes aussi quantité de poissons, soit par notre industrie, soit avec le secours des oiseaux de proie, qui, s'abaissant sur l'eau et se relevant avec un poisson dans le bec ou dans leurs serres, le laissaient souvent tomber, lorsqu'ils étaient épouvantés par nos cris.

VII

BONHEUR

Ces rafraîchissements rétablirent un peu nos forces ; et pendant plusieurs jours l'expérience augmenta notre habileté pour la pêche. Le samedi suivant, à la pointe du jour, nous crûmes découvrir une voile qui s'avançait vers l'île ; mais l'air étant fort tranquille, il y avait peu d'apparence qu'elle y dût aborder. Cependant Faria nous fit retourner au rivage où nos vaisseaux s'étaient brisés, et nous n'y fûmes pas d'une demi-heure sans reconnaître que c'était un véritable bâtiment. Après avoir délibéré sur nos espérances, nous prîmes le parti d'entrer dans un bois voisin, pour nous dérober à la vue de ceux qui paraissaient approcher. Ils arrivèrent sans défiance, et nous les reconnûmes pour des Chinois. Leur bâtiment était une belle lantée à rames, qu'ils amarèrent avec deux cables de poupe et de proue, pour descendre plus facilement par une planche. Environ trente personnes, qui sautèrent aussitôt sur le sable, s'employèrent à faire leur provision d'eau et de bois. Quelques-uns s'occupèrent aussi à préparer les aliments, à lutter et à d'autres exercices. Faria les voyant sans crainte et sans ordre, jugea qu'il n'était resté personne dans le vaisseau qui fût capable de nous résister. Il nous donna ses ordres, après nous avoir expliqué son dessein ; et sur le signe dont il nous avait avertis, nous prîmes notre course ensemble vers la lantée, où nous entrâmes sans aucune opposition. Les deux cables furent aussitôt lâchés ; et tandis que les Chinois accouraient au rivage, dans la surprise de cet événement, nous eûmes le temps de nous éloiger à la portée de l'arbalète. Quoiqu'il nous restât peu de crainte à cette distance, nous tirâmes sur eux un fauconau qui se trouvait dans la lantée. Ils prirent tous la fuite vers le bois, pour y éplorer sans doute leur infortune, comme nous y avions passé quinze jours à déplorer la nôtre.

Ils n'avaient laissé à bord qu'un vieillard avec un enfant de douze à treize ans. Notre premier soin fut de visiter les provisions, qui étaient en abondance. Après avoir satisfait otre faim, nous fîmes l'inventaire des marchandises ; elles consistaient en soie torse, en damas et en satin, dont la valeur montait à quatre mille écus ; mais le riz, le sucre, le ambon et les poules nous parurent la plus précieuse partie u butin, pour le rétablissement de nos malades, qui étaient n fort grand nombre. Nous apprimes du vieillard que le atiment et sa charge appartenaient au père de l'enfant qui enaient d'acheter ces marchandises à Quouaman, pour les ller vendre à Combay, et qu'ayant eu besoin d'eau, son maleur l'avait amené pour en faire dans l'île des Larrons. Faria 'efforça, par ses caresses, de consoler le jeune Chinois, en lui promettant de le traiter comme son propre fils ; mais il n'en put tirer que des larmes, et des marques de mépris pour ses offres.

Dans un conseil, où tout le monde fut appelé, nous prîmes la résolution de nous rendre à Liampo. Ce port de la Chine était éloigné de deux cent soixante lieues vers le nord ; mais nous espérions, en suivant la côte, de nous emparer d'un vaisseau plus commode et plus grand que le nôtre, où, si la fortune s'obstinait à nous maltraiter, Liampo nous offrait une ressource dans quelqu'un des navires portugais qui s'y rassemblaient dans cette saison. Le lendemain, nous découvrîmes une petite île nommée Quinton, où nous enlevâmes, dans une barque de pêcheurs, quantité de poissons frais , et huit hommes pour le service de notre lantée. De là nous étant avancés vers la rivière de Camoy, Faria, qui se défiait de notre lantée pour un long voyage, résolut de se saisir d'une petite jonque qu'il vit seule à l'ancre. Ce dessein ne lui coûta que la peine d'y passer avec vingt hommes, qui trouvèrent sept ou huit matelots endormis. Il leur fit lier les mains, avec menace de les tuer s'ils jetaient le moindre cri ; et sortant de la rivière, il conduisait sa prise à Pulo-Quirim, qui n'est qu'à neuf lieues de Camox. Trois jours après, il se rendit à Luxitai, dont on lui avait vanté l'air pour le rétablissement de ses malades, et les commodités pour calfater les deux bâtiments. Quinze jours ayant suffi pour l'exécution de ses vues, il gouverna vers Liampo.

Le vent et les marées semblaient s'accorder en sa faveur , lorsqu'il rencontra une jonque de Patane, commandée par

un Chinois, nommé Quiay-Panjam, si dévoué à la nation portugaise, qu'il avait à sa solde trente Portugais choisis, dont
il s'était fait autant d'amis par ses caresses et ses bienfaits.
C'était d'ailleurs un vieux corsaire, exercé depuis long-temps
au brigandage. La vue de deux bâtiments plus faibles que le
sien le disposa aussitôt à les attaquer. Son habileté lui fit
gagner le dessus du vent; et s'étant approché à la portée du
mousquet, il les salua de quinze pièces d'artillerie. Malgré
l'extrême inégalité des forces, Faria ne put se résoudre à la
soumission; mais lorsqu'il se préparait au combat, un de ses
gens aperçut une croix dans la bannière des ennemis, et sur
le chapiteau de leur poupe, quantité de ces bonnets rouges
que les Portugais portaient alors dans leurs expéditions militaires. Après cette découverte, quelques signes furent bientôt
entendues. De part et d'autres on ne pensa plus qu'à se prévenir par des témoignages de joie et d'amitié. Quiay-Panjam,
qui aimait le faste, passa sur le bord de Faria, dont il connaissait le mérite par l'éclat de ses actions, avec un cortège de
vingt Portugais richement vétus et des présents qui furent
estimés deux mille ducats. Faria, dans l'abaissement où le
sort l'avait réduit, ne put répondre à cette ostentation de richesses; mais son nom faisant toute sa grandeur présente, il
raconta ses malheurs avec une simplicité noble, qui lui attira
plus d'admiration que le souvenir de sa fortune. Le corsaire,
après avoir entendu ses nouveaux projets, lui offrit de l'accompagner dans toutes ses entreprises, avec cent hommes
qu'il avait dans sa jonque, quinze pièces d'artillerie et les
trente Portugais qui s'étaient attachés à son service, sans
autre condition que d'entrer en partage du butin pour un tiers.

Cette offre fut acceptée, Faria ne fit pas de difficulté de s'engager par une promesse de sa main, qu'il confirma sur les saints Evangiles, et qui fut signée par les principaux Portugais, en qualité de témoins.

VIII

VENGEANCE

Les deux chefs prirent la résolution d'entrer dans la rivière d'Anay, dont ils n'étaient éloignés que de cinq lieues, pour s'y pourvoir de vivres et de munitions. Panjan s'était ménagé, par un tribut, la protection du gouverneur. De là, leur projet n'était pas moins de se rendre à Liampo ; mais Faria se procura, près d'Anay, une partie des avantages qu'il s'était proposé dans cette route, en s'attachant, par ses promesses, trente-six soldats, qui prirent confiance à sa fortune. Ils remirent à la voile, malgré le vent contraire, qu'ils eurent à combattre pendant cinq jours. Le sixième au soir, ils rencontrèrent une barque de pêcheurs, dans laquelle ils furent extrêmement surpris de trouver huit Portugais, tous fort blessés et dans le plus triste état. Faria les fit passer sur son bord, où, se jetant à ses pieds, ils lui racontèrent qu'ils étaient partis de Liampo, depuis dix-sept jours, pour se rendre à Malaca ; que s'étant avancés jusqu'à l'île de Sumbor, ils avaient eu le malheur d'être attaqués par un corsaire guzarate, nommé Coja-Acem, qui avait, sur trois jonques et quatre

lantées, environ cent hommes mahométans comme lui ;
qu'après un combat de trois heures, dans lequel ils lui avaient
brûlé une de ses jonques, ils avaient enfin perdu leur vaisseau, et la valeur de cent mille taëls en marchandises, avec
dix huit Portugais de leurs parents ou de leurs amis, dont la
captivité leur faisait compter pour rien le reste de leur infortune, et la perte même de quatre-vingt-deux hommes qui
composaient leur équipage ; que, par un miracle du ciel, ils
s'étaient sauvés au nombre de dix, dans la même barque où
nous les avions rencontrés ; et que de ce nombre deux étaient
déjà morts de blessures.

Après avoir écouté ce récit avec admiration, Faria, plein
de ses idées, leur demanda si le corsaire avait été fort maltraité dans le combat ; parce qu'il lui semblait qu'ayant perdu
une de ses jonques, et celles des Portugais devant être dans
un grand désordre, il était impossible que ses forces ne fussent
pas beaucoup diminuées. Ils l'assurèrent que la victoire avait
coûté cher à leur ennemi ; que, dans l'incendie de sa jonque,
la plupart des soldats qui montaient ce bâtiment avaient
trouvé la mort dans les flots, et qu'il n'était entré dans une
rivière voisine que pour y réparer ses pertes. Alors Faria se
mit à genoux, tête nue et les yeux levés vers le ciel, qu'il regardait fixement ; il le remercia, les larmes aux yeux, d'avoir
amené son ennemi entre ses mains ; et sa prière fut si vive et
si touchante, que le même transport se communiquant à
ceux qui l'entendirent, ils se mirent à crier : Aux armes ! aux
armes ! comme si le corsaire eût été présent. Dans cette
noble ardeur, ils mirent aussitôt la voile au vent de poupe ,
pour retourner dans un port qu'ils avaient laissé huit lieues

en arrière, et s'y équiper sans ménager les frais de tout ce qui leur était nécessaire pour un mortel combat. Un présent de mille ducats leur fit obtenir du gouverneur, non-seulement la liberté d'acheter toutes sortes de munitions, mais celle même de se procurer deux grandes jonques, qui furent échangées contre celles de Faria, et d'engager cent soixante hommes pour le gouvernement des voiles. Tous les volontaires, à qui l'espérance du butin fit offrir leurs services, furent reçus et payés libéralement. Quiay-Panjam n'épargna point ses trésors. Ainsi, dans la revue générale qui se fit avant de lever l'ancre, nous nous trouvâmes au nombre de cinq cents hommes, soldats ou matelots, entre lesquels on compta quatre-vingt quinze Portugais.

Treize jours nous avaient suffi pour ce redoutable armement. Nous partîmes dans le meilleur ordre. Trois jours après, nous arrivâmes aux Pêcheries, où le corsaire avait enlevé la jonque de notre nation. Quelques espions qu'on envoya sur la rivière nous rapportèrent qu'il était à deux lieues de là, dans une autre rivière nommée Tinlau, et qu'il y faisait réparer la jonque portugaise. Faria fit vêtir à la chinoise un de ses plus braves et de ses plus sages soldats, avec ordre de s'avancer dans une barque de pêcheurs, pour observer la contenance et la situation des ennemis. On apprit bientôt qu'ils étaient sans défiance et dans un désordre qui nous ferait trouver peu de peine à les aborder. Nos deux chefs résolurent d'aller mouiller, le soir, à l'embouchure de la rivière, et de commencer l'attaque à la pointe du jour.

La mer fut si calme, et le vent si favorable, que Faria crut devoir profiter de l'obscurité pour s'avancer jusqu'à la hauteur

3.

du corsaire. Cette manœuvre eut le succès qu'il s'en était promis ; et, dans l'espace d'une heure, nous arrivâmes à la portée de l'arquebuse, sans avoir été découverts. Mais les premiers rayons du jour ne tardèrent point à nous trahir. Plusieurs sentinelles, qui étaient distribuées sur les bords de la
rivière, sonnèrent l'alarme avec des cloches ; et, quoique la
lumière ne permît point encore de distinguer les objets, il
s'éleva un si furieux bruit parmi les corsaires qui étaient au
rivage et ceux qu'ils avaient laissés à la garde de leur flotte,
qu'il nous devint presqu'impossible de nous entendre. Faria
saisit ce moment pour les saluer de toute notre artillerie, qui
augmenta le tumulte. Ensuite le jour étant devenu plus clair,
pendant qu'on rechargeait les pièces et que les corsaires nous
observaient sur leurs ponts, il fit faire une seconde décharge
qui en fit tomber un grand nombre. Cent soixante mousquetaires, qu'il tenait prêts à tirer, ne firent pas feu moins heureusement sur ceux qui s'étaient mis dans des barques pour
retourner à leurs jonques. Ce prélude parut leur causer tant
d'épouvante, qu'on n'en vit plus paraître un sur les tillacs.

Alors nos deux jonques les abordèrent avec la même vigueur. La mêlée fut effroyable et se soutint pendant plus d'un
quart-d'heure, jusqu'au départ de quatre lantées qui se détachèrent du rivage pour venir secourir les corsaires avec des
gens frais. A cette vue, un Portugais, nommé Diégo Meyrelez,
qui était dans la jonque de Quiay-Panjam, poussa rudement
un canonnier dont il avait remarqué l'ignorance, et pointant
lui-même la pièce qui était chargée à cartouches, il y mit le
feu avec tant d'habileté ou de bonheur, qu'il coula la première
lantée à fond. Du même coup, plusieurs balles, qui passèrent

par-dessus la première, tuèrent le capitaine de la seconde et six ou sept soldats qui étaient proche de lui. Les deux autres demeurèrent si effrayées de ce spectacle, qu'elles s'efforçaient de retourner à terre, lorsque deux barques portugaises, chargées de pots-à-feu, s'avancèrent fort à propos pour y en jeter un fort grand nombre. Elles y mirent le feu avec une violence qui les fit brûler en un instant jusqu'à fleur d'eau. En vain les corsaires se jetèrent dans l'eau pour éviter les flammes, ils y trouvèrent la mort, par les mains de nos gens qui les tuaient à coups de piques. Il n'en périt pas moins de deux cents dans les quatre lantées; car celle qui avait perdu son capitaine, étant tombée sous la jonque de Quiay-Paniam, il ne s'en sauva qu'un petit nombre, qui se jetèrent dans les flots.

Ceux qui combattaient sur ces jonques ne se furent pas plus tôt aperçu de la ruine des lantées, qu'ils commencèrent à s'affaiblir, et plusieurs ne pensèrent qu'à chercher leur salut à la nage. Mais Coja Acem, qui ne s'était pas encore fait reconnaître, accourut alors pour les encourager. Il portait une cotte d'armes écaillée de lames de fer, doublée de satin cramoisi et bordée d'une frange d'or. Sa voix, qui se fit entendre avec une invocation de son prophète et des imprécations contre nous, ranima si vivement les plus timides, que s'étant ralliés, ils nous firent tête avec une valeur surprenante. Faria, dont cette résistance ne fit qu'échauffer le courage, excita la nôtre par quelques mots pleins de foi; et se précipitant vers le chef des corsaires, qu'il regardait comme le principal objet de sa haine, il lui déchargea sur la tête un si grand coup de sabre, qu'il fendit son bonnet de mailles. Ce coup l'abattit à ses pieds. Aussitôt lui en portant un autre sur les jambes, il le mit hors d'état de se relever. Nos ennemis, qui virent tomber leur chef, poussèrent un grand cri. Ils fondirent si impétueusement sur Faria, qu'ils faillirent l'abattre à son tour; tandis que nous serrant autour de lui, nous redoublâmes nos efforts pour sauver une vie à laquelle chacun de nous attachait la sienne. Ce combat devint si furieux, que, dans l'espace d'un demi quart d'heure, nous vîmes tomber sur le corps de Coja-Acem quarante-huit de ces désespérés, et nous perdîmes nous-mêmes quatorze chrétiens, entre lesquels nous eûmes la douleur de compter cinq Portugais. Alors nos ennemis, commençant à perdre courage, se retirèrent en désordre vers la proue, dans le dessein de s'y fortifier. Mais Quiay-Panjam, qui venait de ruiner les lantées, se présenta devant eux pour leur couper cette retraite. Ainsi pressés de deux côtés avec la même furie, il ne leur resta plus d'autre ressource que de se jeter dans les flots. Les nôtres, encouragés par la victoire et par le nom de Jésus-Christ, qui retentissait sur toutes les jonques, achevèrent de les exterminer à mesure qu'ils se précipitèrent les uns sur les autres. Il en périt cent cinquante par le fer. La plupart des autres se noyèrent dans leur fuite ou furent assommés à coups d'avirons. On ne fit que cinq prisonniers, qui furent jetés à fond de cale, pieds et poings liés, dans le dessein d'en tirer diverses lumières par la force des tourments. Mais ils se rendirent entre eux le service de s'égorger à belles dents. Le nombre de nos morts ne monta qu'à cinquante-deux, dont huit étaient de notre nation.

Après avoir employé une partie du jour à leur rendre les honneurs de la sépulture, Faria fit le tour de l'île pour y

chercher ce qui pouvait avoir appartenu au corsaire. Il découvrit, dans une vallée fort agréable, un village d'environ
quarante maisons ; et plus loin , sur le bord d'un ruisseau ,
une pagode, où Coja-Acem avait mis ses malades. C'était dans
le même lieu que ceux qui avaient échappé aux flots avaient
pris le parti de se retirer. A la vue de Faria, qu'ils aperçurent
de loin, ils lui députèrent quelques-uns d'entre eux pour implorer sa miséricorde, mais, fermant l'oreille à leurs prières,
il répondit qu'il ne pouvait faire grâce à ceux qui avaient
massacré tant de chrétiens. Ces misérables étaient au nombre
de quatre-vingt-seize. Nous mîmes le feu à six ou sept endroits de la pagode, qui, n'étant composée que de bois sec et
couverte de feuilles de palmier, fut bientôt réduite en cendre.
Les corsaires , attaqués par les flammes et la fumée , jetèrent
des cris pitoyables , et quelques-uns se précipitèrent du haut
des fenêtres. Mais ils furent reçus sur les pointes de nos
piques et de nos dards , et nous eûmes la satisfaction de rassasier notre vengeance.

La jonque que le corsaire avait enlevée depuis peu de jours
aux Portugais de Liampo , leur fut restituée avec toutes leurs
marchandises : ce qui n'empêcha point que le reste du butin
ne montât à plus de cent trente mille taëls. Nous passâmes
vingt-quatre jours dans la rivière de Tinlau , pour y guérir
nos blessés. Faria même avait besoin de ce repos. Il avait
reçu trois coups dangereux, dont il avait négligé de se faire
panser, dans les premiers jours qu'il avait donnés au bien
commun ; et dont il eut beaucoup de peine à se rétablir. Mais
son courage infatigable s'occupa, dans cet intervalle, du projet
d'une autre expédition qu'il avait communiqué à Quiay-

Panjam , et qu'il ne remottait pas plus loin qu'à l'entrée du printemps. Il se proposait de retourner dans l'ancre de la Cochinchine pour s'approcher des mines de Quanjaparu , où nous avions appris qu'on tirait quantité d'argent , et qu'il y avait actuellement sur les bords de la rivière six maisons remplis de lingots.

IX

PRISE D'UNE VILLE. — RETOUR A LIAMPO

Nous levâmes l'ancre pour nous avancer vers la pointe de Micuy, d'où notre premier dessein était toujours de nous rendre à Liampo. Un orage du nord-ouest, qui nous surprit à cette hauteur, exposa toute la flotte au dernier danger. La plus petite de nos jonques, commandée par Nunno-Preto, périt avec sept Portugais et cinquante autres chrétiens. Celle de Faria, qui était la plus grande, et dans laquelle nous avions rassemblé nos plus précieuses marchandises, n'évita le même sort qu'en abandonnant aux flots quantité de richesses; et ceux qui furent chargés de ce triste sacrifice apportèrent si peu d'attention aux choix, qu'ils jetèrent dans la mer douze grandes caisses pleines de lingots d'argent. Mais rien ne causa plus d'affliction à Faria que la perte d'une lantée qui s'était brisée sur la côte, et dans laquelle il y avait cinq Portugais, qui furent enlevés pour l'esclavage par les habitants d'une ville voisine. Tandis qu'il paraissait insensible à la ruine de sa fortune, il ne pouvait se consoler de voir cinq hommes de sa nation dans la misère. Tous ses soins, après la

tempête, se tournèrent à les secourir ; et lorsqu'il eut appris
que la ville où ils avaient été conduits se nommait Nouday,
et qu'elle n'était pas éloignée du rivage, il promit au ciel
d'employer sa vie pour leur rendre la liberté.

Le reste de ses forces consistait en trois jonques, avec une
lantée. Il ne balança point à s'engager dans la rivière de
Nouday, où il mouilla vers le soir. Deux petites barques, qui
portent sur cette côte le nom de baloës, furent employées à
sonder le fond, avec ordre de prendre des informations sur
la situation de la ville. Elles lui amenèrent huit hommes et
deux femmes, dont elles s'étaient saisies, et qui furent re-
gardées aussitôt comme des ôtages suffisants pour la sûreté
des Portugais : mais la confiance diminua beaucoup, lorsque
ces dix prisonniers eurent déclaré que les Portugais captifs
passaient dans la ville pour les voleurs qui avaient causé divers dommages sur les côtes, et qu'ils étaient destinés au
supplice. Faria, plein d'une vive inquiétude, se hâta d'écrire
au mandarin. Sa lettre était civile. Il y joignit un présent de
deux cents ducats, qui lui parut une honnête rançon ; et char-
geant de ses ordres deux des prisonniers, il retint à bord les
neuf autres.

La réponse qu'il reçut le lendemain sur le dos de sa lettre
était courte et fière : « Que ta bouche vienne se présenter à
mes pieds. Après t'avoir entendu, je te ferai justice. » Il com-
prit que le succès de son entreprise était fort incertain ; et,
rejetant toute idée de violence, avant d'avoir tenté les voies
de la douceur et les motifs de l'intérêt, il offrit, par une autre
députation, jusqu'à la somme de deux mille taëls. Dans sa
seconde lettre, il prenait la qualité de marchand étranger,

portugais de nation, qui allait exercer le commerce à Lampo, et qui était résolu de payer fidèlement les droits. Il ajoutait « que le roi de Portugal, son maître, étant lié d'une amitié de frère avec le roi de la Chine, il espérait la même faveur et la même justice que les Chinois recevaient constamment dans les villes portugaises des Indes. » Cette comparaison des deux rois parut si choquante au mandarin, que, sans aucun égard pour le droit des gens, il fit cruellement fouetter ceux qui lui avaient apporté la lettre. Les termes de sa réponse n'ayant pas été moins insultants, Faria, poussé par sa colère autant que par ses promesses, résolut enfin d'attaquer la ville. Il fit la revue de ses soldats, qui montaient encore au nombre de trois cents ; le lendemain, s'étant avancé dans la rivière jusqu'à la vue des murs, il y jeta l'ancre, après avoir arboré le pavillon marchand à la manière des Chinois, pour s'épargner de nouvelles explications. Cependant le doute du succès lui fit écrire une troisième lettre au mandarin, dans laquelle, feignant de n'avoir aucun sujet de plainte, il renouvelait l'offre d'une grosse somme et d'une amitié perpétuelle. Mais le malheureux Chinois qu'il avait employé dans cette députation fut déchiré de coups, et renvoyé avec de nouvelles insultes. Alors nous descendîmes au rivage, et, marchant vers la ville sans être effrayés d'une foule de peuple qui faisait voltiger plusieurs étendards sur les murs, et qui paraissait nous braver par ses cris, nous n'étions qu'à deux cents pas des portes, lorsque nous en vîmes sortir mille ou douze cents hommes à cheval, qui entreprirent d'escarmoucher autour de nous, dans l'espérance apparemment de nous causer de l'épouvante. Mais nous voyant avancer d'un air ferme, ils se rassemblèrent dans un corps entre nous et la ville. Nos jonques avaient ordre de faire jouer l'artillerie au signal que Faria devait leur donner. Aussitôt qu'il vit l'ennemi dans cette posture, il fit tirer tout à la fois et ses mousquetaires et ses jonques. Le bruit seul fit tomber une partie de cette cavalerie. Nous continuâmes de marcher, tandis que les uns fuyaient vers le pont de la ville, où leur embarras fut extrême au passage, et que les autres se dispersaient dans les champs voisins. Ceux que nous trouvâmes encore serrés proche du pont essuyèrent une décharge de notre mousqueterie, qui fit mordre la poussière au plus grand nombre, sans qu'un seul eût osé mettre l'épée à la main. Nous approchions de la porte avec un extrême étonnement de la voir si mal défendue ; mais nous y rencontrâmes le mandarin qui sortait à la tête de six cents hommes de pied, monté sur un fort beau cheval, et revêtu d'une cuirasse. Il nous fit tête avec assez de vigueur ; et son exemple animait ses gens, lorsqu'un coup d'arquebuse, tiré par un de nos valets, le frappa au milieu de l'estomac. Sa chute répandit tant de consternation parmi les Chinois, que, chacun ne pensant qu'à fuir sans avoir la présence d'esprit de fermer les portes, nous les chassâmes devant nous à grands coups de lance, comme une troupe de bestiaux. Ils coururent dans ce désordre le long d'une grande rue, qui conduisait vers une autre porte, par où nous les vîmes sortir jusqu'au dernier. Faria eut la prudence d'y laisser une partie de sa troupe, pour se mettre à couvert de toute sorte de surprise ; tandis que se faisant conduire à la prison, il alla délivrer de ses propres mains les cinq Portugais qui n'y attendaient que la mort. Ensuite nous ayant tous rassemblés, et jugeant de l'effroi de nos ennemis par la tranquillité qui régnait autour des murs, il nous accorda une demi-heure pour le pillage. Ce temps fut si bien employé, que le moindre de nos soldats partit chargé de richesses. Enfin l'approche de la nuit pouvant nous exposer à quelque désastre, Faria fit mettre le feu à la ville; elle était bâtie de sapin et d'autres bois si faciles à s'embraser, que la flamme s'y étant bientôt répandue, nous nous retirâmes tranquillement dans nos jonques, à la faveur de cette lumière.

Après une si glorieuse expédition, Faria prit deux partis, qui font autant d'honneur à sa conduite, que tant d'exploits doivent en faire à sa valeur : l'un d'enlever toutes les provisions que nous pûmes trouver dans les villages qui bordaient la rivière, parce qu'il était à craindre qu'on ne nous en refusât dans tous les ports; l'autre d'aller passer l'hiver dans une île déserte, nommée Pulo-Hinhor, où la rade et les eaux sont excellentes; parce que nous ne pouvions aller droit à Liampo, sans causer beaucoup de préjudice aux Portugais qui venaient hiverner paisiblement dans ce port avec leurs marchandises. Le premier de ces deux projets fut exécuté le jour suivant, mais le second fut retardé par un obstacle qui devint pour nous une nouvelle source de richesses et de gloire. Nous fûmes attaqués entre les îles de Comolen et la terre, par un corsaire nommé Premata Gundel, ennemi juré de notre nation, qui nous prenant néanmoins pour des Chinois, avait compté sur une victoire facile. Ce combat, où nous enlevâmes une de ses jonques, nous valut quatre-vingt mille taëls; mais il coûta la vie à quantité de nos plus braves gens, et Faria y reçut trois dangereuses blessures. Nous nous retirâmes dans la petite île de Bruncalon, qui n'était qu'à trois ou quatre lieues vers l'ouest, et nous y passâmes dix-huit jours pendant lesquels nos blessés furent heureusement rétablis.

On se détermina à gouverner vers les ports de Liampo. Le Portugal avait alors dans cette ville le même établissement que nous eûmes ensuite à Macao ; c'est-à-dire, qu'ayant obtenu la liberté d'y exercer le commerce, la nation y jouissait d'une parfaite tranquillité sous la protection des lois. On comptait déjà dans le quartier portugais plus de mille maisons, qui étaient gouvernées par des échevins, des auditeurs, des consuls et des juges, avec autant de confiance et de sûreté qu'à Lisbonne.

Faria vit bientôt arriver sur la flotte tout ce qu'il y avait de Portugais distingués dans la ville, avec des présents considérables et les mêmes témoignages de respect qu'ils auraient pu rendre à leur propre roi. Ses malades furent logés dans les maisons les plus riches, et magnifiquement traités ; mais ce n'était que le prélude des honneurs qu'on lui destinait. Le sixième jour, qu'il n'avait pas attendu sans impatience, parce qu'il ignorait le motif du retardement, une flotte *galante*, composée de barques tendues d'étoffes précieuses, vint le prendre au bruit des instruments, et le conduisit comme en triomphe au port de la ville. Il y fut reçu avec une pompe qui surprit les Chinois ; et cette fête dura plusieurs jours. Après les avoir passés dans la joie et l'admiration, son dessein était de retourner à bord ; mais on le força d'accepter une des plus belles maisons de la ville, où pendant cinq mois entiers il fut traité avec la même considération.

Quelque temps après, il entreprit sur mer de nouvelles

courses, qui aboutirent à un naufrage où il trouva la mort dans les flots. Pour Pinto, qui l'avait accompagné dans ses voyages, que nous raconterons ailleurs, après bien des revers, il rentra à Liampo avec quelques-uns de ses compagnons.

Les principaux habitants, dit-il, nous y reconnurent et nous rendirent ce qu'ils croyaient devoir aux amis d'Antoine Faria. Cependant, paraissant étonnés de notre confiance pour les Chinois, ils nous demandèrent d'où nous étions venus, et dans quel lieu nous nous étions embarqués avec eux. Christophe Boralho leur apprit nos aventures. L'île de Tanixuma, le Japon et toutes les richesses que nous y avions admirées, furent pour eux autant de nouvelles connaissances qu'ils reçurent avec étonnement. Dans la joie de cette découverte, ils ordonnèrent une procession solennelle, depuis l'église de Notre-Dame de la Conception, jusqu'à celle de Saint-Jacques, qui était à l'extrémité de la ville. Ensuite la piété fit place à l'ambition. Chacun s'empressa de tirer les premiers fruits de nos lumières. Il se forma divers partis qui mirent l'enchère à toutes les marchandises, et les marchands chinois profitèrent de cette fermentation, pour faire monter le *pico* de soie jusqu'à cent soixante taëls. En moins de quinze jours, neuf jonques portugaises, qui se trouvaient au port de Liampo, furent prêtes à faire voile ; quoiqu'en si mauvais ordre, que la plupart n'avaient pas d'autres pilotes que les maîtres mêmes qui n'avaient aucune connaissance de la navigation.

X

MALHEUREUSE EXPÉDITION

Les jonques partirent malgré les fâcheuses circonstances de la saison et du vent. L'avidité du gain ne connaissait aucun danger. Je fus moi-même un des malheureux qui se laissèrent engager dans ce fatal voyage. Le premier jour, nous gouvernâmes comme à tâton entre les îles et la terre ferme. Mais vers minuit une affreuse tempête nous ayant livrés à la fureur du vent, nous échouâmes sur les bancs de Gatom, où des neuf jonques, deux seulement eurent le bonheur d'échapper. Les sept autres périrent avec plus de six cents hommes, entre lesquels on comptait cent quarante des principaux Portugais de Liampo. Cette perte en marchandises fut estimée plus de trois cent mille ducats.

J'avais le bonheur de me trouver dans une des deux autres jonques. Nous suivîmes la route que nous avions commencée, jusqu'à la vue de l'île de Lequios, où nous fûmes battus d'un si furieux vent de nord-est, que nos deux bâtiments furent séparés pour ne se revoir jamais. Dans l'après-midi le vent s'étant changé à l'ouest-nord-ouest, les vagues s'élevèrent si furieusement, qu'il devint impossible d'y résister. Notre capitaine, qui se nommait Gaspar Mello, voyant la proue entr'ouverte, et plus de neufs pieds d'eau dans la jonque, résolut, de concert avec les officiers, de couper les deux mâts ; mais tous les soins qui furent employés à cette opération n'empêchèrent point que le grand mât, dans sa chute, n'écrasât cinq Portugais ; spectacle pitoyable, et qui acheva de nous ôter les forces. La tempête ne faisant qu'augmenter, nous nous vîmes forcés de nous abandonner aux flots jusqu'à l'arrivée des ténèbres, où toutes les autres parties de notre bâtiment commencèrent à s'ouvrir. Nous passâmes la nuit dans cette horrible situation. Vers le jour, nous touchâmes sur un banc, où du premier choc la jonque fut mise en pièce, avec des circonstances si déplorables, que soixante-deux hommes y perdirent la vie ; les uns noyés, les autres écrasés sous la quille.

Entre tant de malheureux, nous demeurâmes sur le sable au nombre de vingt-quatre, sans y comprendre quelques femmes. Aux premiers rayons du jour, nous reconnûmes la grande île de Lequios. Nous étions blessés presque tous par le froissement des coquilles et des cailloux du banc. Après nous être recommandés à Dieu avec beaucoup de larmes, nous marchâmes dans l'eau jusqu'à l'estomac. Ensuite, traversant quelques endroits à la nage, nous employâmes cinq jours à nous approcher de la terre, sans aucune nourriture

que les herbes qui nous étaient apportées par les flots. Nous
arrivâmes au rivage; il était couvert de bois où nous trouvâmes d'autres herbes assez semblables à l'oseille, qui furent
notre unique ressource pendant trois jours. Le quatrième,
nous fûmes aperçus par un insulaire qui gardait quelques
bestiaux, et qui se mit à courir aussitôt vers une montagne
voisine, pour donner l'alarme aux habitants d'un village,
dont nous n'étions éloignés que d'un quart de lieue. Bientôt
nous vîmes paraître environ deux cents hommes, qui s'é-
taient rassemblés au bruit des tambours et des cornets. Leurs
chefs étaient à cheval au nombre de quatorze. Ils vinrent
droit à nous, et quelques-uns se détachèrent pour nous observer. Lorsqu'ils nous virent sans armes, presque nus, la
plupart à genoux, pour invoquer le secours du ciel, et deux
femmes déjà mortes de misère, ils furent touchés d'une si
vive compassion, qu'étant retournés vers ceux qui les suivaient, ils les firent arrêter avec défense de nous causer aucun mal. Cependant ils revinrent à nous, accompagnés de
six hommes de pied, qui étaient les officiers de leur justice,
et nous ayant exhortés à ne rien craindre, parce que le roi
des Lequiens était un prince juste et plein de pitié pour les
misérables, ils nous firent lier trois à trois pour nous conduire à leurs habitations. Nous étions moins rassurés par
leurs discours, qu'effrayés par un traitement si rigoureux. Il
nous restait trois femmes, qui tombèrent pâmées de faiblesse
et de crainte. Quelques insulaires les prirent entre leurs
bras, et les portaient tour à tour, ce qui n'empêcha point que,
dans la marche, il n'en mourût deux, qui furent laissées en
proie aux bêtes féroces, dont nous avions vu paraître un

grand nombre. Après avoir marché jusqu'au soir, nous arrivâmes dans un bourg d'environ cinq cents feux, que nous entendîmes nommer Cypantor. Là, nous fûmes enfermés dans un grand temple, dont les murailles étaient fort hautes et sans aucun ornement, sous une garde de plus de cent hommes, qui, avec des cris mêlés au son des tambours, nous veillèrent toute la nuit.

Le lendemain, on nous fournit assez abondamment du riz, du poisson et divers fruits de l'île. La charité des habitants alla même jusqu'à nous donner quelques habits ; mais un courrier du Broquen, c'est-à-dire du premier officier de l'Etat, apporta vers le soir un ordre de nous conduire à Pungor, ville éloignée de sept lieues. Cette nouvelle causa beaucoup de mouvements dans le bourg, comme si les habitants eussent réclamé quelque droit qu'on prétendît violer. On dressa plusieurs mémoires qui furent envoyés au broquen par son courrier. Cependant quelques officiers et vingt hommes à cheval, qui arrivèrent le jour suivant, nous enlevèrent sans opposition. Nous nous arrêtâmes, le soir, dans une ville nommée Gondoxilau, où l'on nous fit passer la nuit dans un cachot, et nous arrivâmes le lendemain à Pungor.

Trois jours après, nous parûmes devant le broquen, dans une grande salle où nous le trouvâmes assis sous un dais fort riche, environné de six huissiers avec leurs masses, et de plusieurs gardes qui portaient de longues pertuisanes damasquinées d'or et d'argent. Il nous fit diverses questions, auxquelles nous répondîmes avec autant de bonne foi que d'humilité. Notre infortune le toucha si vivement, malgré quelques apparences de sévérité, qu'ayant recueilli nos réponses, il y mêla des réflexions favorables, par lesquelles il combattit les fausses idées que quelques Chinois avaient fait prendre de nous. Cependant nous continuâmes d'être resserrés pendant deux mois. Le roi, faisant gloire de son zèle pour la justice, envoya secrètement dans notre prison un homme de confiance, qui, prenant avec nous la qualité de marchand étranger, employa beaucoup d'adresse à nous faire confesser notre profession, et la vérité de nos desseins. Mais nos explications furent si simples et les témoignages de notre douleur si naturels, que cet espion en parut attendri jusqu'à nous faire un présent de trente taëls et de six sacs de riz. Il y a beaucoup d'apparence qu'il en avait reçu l'ordre du roi ; et nous apprîmes du geôlier que ce prince était résolu de nous rendre la liberté.

Nous étions dans cette douce espérance, lorsque l'arrivée d'un corsaire chinois, à qui le roi donnait une retraite dans son île, à condition d'entrer en partage du butin, nous replongea dans un horrible danger. C'était un des plus grands ennemis de notre nation, depuis un combat que les Portugais lui avait livré au port de Laman, et dans lequel ils lui avaient brûlé deux jonques. La faveur dont il jouissait, non-seulement à la cour de Lequios, mais dans l'île entière, où ses brigandages faisaient entrer continuellement de nouvelles richesses, disposa le roi et ses sujets à recevoir les inspirations de sa haine. Aussitôt qu'il eut appris notre disgrâce, et qu'on pensait à nous renvoyer absous, il nous chargea des plus noires accusations. Les Portugais étaient des espions qui venaient observer les forces d'un pays, sous le voile du commerce, et qui profitaient de leurs lumières pour faire

passer tous les habitants au fil de l'épée. Ces discours répan-
dus sans ménagement, et confirmés avec audace, firent tant
d'impression sur l'esprit du roi, qu'après avoir révoqué les
ordres qu'il avait déjà donnés en notre faveur, il nous con-
damna, sur de nouvelles instructions, au supplice des traîtres,
c'est-à-dire *à nous voir démembrés en quatre quartiers*, qui
devaient être exposés dans les places publiques. Cette sentence, qu'il porta sans nous avoir entendus, fut envoyée au
broquen, avec ordre de l'exécuter dans quatre jours. Elle pénétra aussitôt jusqu'à nous ; et, dans la consternation d'un
sort si déplorable, nous ne pensâmes qu'à nous disposer à la
mort.

Si j'ai quelquefois donné le nom de miracle aux secours
que j'ai reçus du ciel dans l'extrémité du danger, c'est ici que
je dois faire admirer le plus éclatant de ses bienfaits. De plusieurs Portugaises qui avait trouvé la fin de leurs misérable
vie, depuis notre naufrage, il en restait une, femme d'un pilote qui était prisonnier avec nous, et mère de deux enfants,
qu'une malheureuse tendresse lui avait fait prendre à bord.
Un sentiment de pitié pour elle et pour deux innocents avait
porté une dame de la ville à la loger dans sa maison ; et cet
asile était devenu pour nous une source de bienfaits, que
nous avions partagés continuellement avec son mari. On lui
apprit notre malheur. Elle fut si frappée de cette nouvelle,
qu'étant tombée sans connaissance, elle demeura long-temps
comme insensible. Mais rappelant ses esprits, elle se déchira
si cruellement le visage avec les ongles, que ses joues se couvrirent de sang. Ce spectacle attira toutes les femmes de la ville, et
la compassion devint un sentiment général. Après quelques

délibérations, elles convinrent d'écrire une lettre commune à la reine, mère du roi, pour lui représenter que nous étions condamnés sans preuve et sur la simple foi d'un ennemi. Elles lui rendaient compte de notre véritable histoire, et des raisons qui portaient le corsaire à la vengeance. L'aventure de la Portugaise, sa situation et celle de ses enfants ne furent pas oubliées. Cette lettre, signée de cent femmes, les principales de la ville, fut envoyée par la fille du mandarin de Comanilau, gouverneur de l'île de Banca, qui est au sud de Lequios. On fit tomber le choix sur elle, parce qu'elle était nièce de la première dame d'honneur de la reine. Elle partit pour Bintor, où le roi faisait sa résidence, à six lieues de Pungor, accompagnée de deux de ses frères et de plusieurs gentilshommes de la première distinction.

Nous fûmes avertis du secours que la Providence nous avait donné, nous ne cessâmes point de prier le ciel pour le succès d'un voyage auquel notre vie ou notre mort était attachée. Le roi se laissa fléchir à l'occasion d'un songe qui l'avait disposé à recevoir les sollicitations de la reine-mère. Les lettres de grâces arrivèrent à Pungor le jour marqué pour le supplice. Elles nous furent apportées par le broquen même, qui avait toujours gémi de l'injustice de notre sentence, et qui parut presqu'aussi sensible que nous à cette heureuse révolution. Il nous mena dans son propre palais, où toutes les dames de la ville vinrent se réjouir de leur ouvrage, et s'en crurent bien payées par nos remercîments. Pendant quarante-six jours, que nous passâmes encore dans l'île pour attendre l'occasion de la quitter, elles se disputèrent le plaisir de nous traiter dans leurs maisons, et nous y reçûmes tout ce dont nous avions besoin, avec tant d'abondance que nous emportâmes chacun la valeur ce cent ducats. La Portugaise, qui méritait le premier rang dans notre reconnaissance, en eut plus de mille, accompagnés d'une infinité de présents qui dédommagèrent son mari de toutes ses pertes. Enfin, le broquen nous fit obtenir place dans une jonque chinoise qui partait pour Liambo, après avoir fait donner au capitaine des cautions pour notre sûreté.

XI

LE ROI D'HINHOR

En arrivant à Liambo, nous trouvâmes les Portugais de cette ville dans l'affliction de leur perte. Nous étions le malheureux reste de leur flotte. Cette considération nous attira beaucoup de caresses. Divers négociants m'offrirent de l'emploi dans leurs comptoirs ou dans leurs jonques ; mais j'étais rappelé par mes désirs à Malaca, où j'espérais que mon expérience me tiendrait lieu de mérite, et ferait employer mes services avec plus de distinction. Je m'embarquai dans le navire d'un Portugais, nommé Triotan de Goa. Notre navigation fut heureuse. Je m'applaudis extrêmement de mon retour, en apprenant que don Pedro Faria commandait encore à Malaca. Le désir qu'il avait toujours eu de contribuer à ma fortune, échauffé par la mémoire du brave Antonio Faria son parent, et par le récit de nos aventures, lui fit chercher l'occasion de m'occuper utilement, avant que le terme de son gouvernement fût expiré.

Il me proposa d'entreprendre le voyage de Martaban, d'où l'on tirait alors de grands avantages, dans la jonque d'un nécoda mahométan, nommé Mahmoud, qui avait ses femmes et ses enfants à Malaca. Outre les profits que je pouvais espérer du commerce, je me trouvai chargé de trois commissions importantes : l'une, de conclure un traité d'amitié avec Chambaxuha, roi de Martaban, dont nous avions beaucoup d'utilité à tirer pour les provisions de notre forteresse : la seconde, de rappeler *Lancerot Guereyra*, qui croisait alors avec cent hommes, dans quatre fustes, sur la côte de Ténasserim, et dont le secours était nécessaire aux Portugais de Malaca, qui se croyaient menacés par le roi d'Achem ; la troisième, de donner avis de cette crainte aux navires de Bengale, pour leur faire hâter leur départ et leur navigation. Je m'engageai volontiers à l'exécution de ces trois ordres, et je partis un mercredi, 9 de janvier. Le vent nous favorisa jusqu'à Pulo-Pracelar, où le pilote fût quelque temps arrêté par la difficulté de passer les bans qui traversent tout ce canal, jusqu'à l'île de Sumatra. Nous n'en sortîmes qu'avec beaucoup de peine, pour nous avancer vers les îles de Simbillon, où je me mis dans une barque fort bien équipée, qui me servit pendant douze jours à visiter toute la côte des Malais, dans l'espace de cent trente lieues jusqu'à Jonsala. J'entrai dans les rivières de Barruhas, de Salangar, de Panagim, de Queda, de Parlés, de Paudan, sans y apprendre aucune nouvelle des ennemis de notre nation. Mahmoud, que je rejoignis après cette course, nous fit continuer la même route pendant neuf jours, et le vingt-troisième de notre voyage, il se trouva forcé de mouiller dans la petite île de Pisanduray, pour s'y faire un câble. Nous y descendîmes dans la seule vue de hâter cet ouvrage. Son fils m'ayant proposé d'essayer si nous pourrions tuer quelques cerfs, dont le nombre est fort grand dans cette île, je pris une arquebuse, et je m'enfonçai dans un bois avec lui. Nous n'eûmes pas fait cent pas que nous découvrîmes plusieurs sangliers qui fouillaient la terre ; et nous en étant approchés à la faveur des branches, nous en abattîmes deux. La joie de cette rencontre nous fit courir vers eux sans précaution. Mais notre horreur fut égale à notre surprise, lorsque, dans le lieu même où ils avaient fouillé, nous aperçûmes douze corps humains qui avaient été déterrés, et quelques autres à demi-mangés.

L'excès de la puanteur nous força de nous retirer ; et le jeune Maura jugea sagement que nous devions avertir son père, dans la crainte qu'il n'y eût autour de l'île quelque corsaire, qui pouvait fondre sur nous, et nous égorger sans résistance, comme il était arrivé mille fois à des marchands, par la négligence des capitaines. Le vieux nécoda était homme prudent : il envoya aussitôt faire la ronde dans toutes les parties de l'île. Il fit embarquer les femmes et les enfants, avec le linge à demi-lavé, pendant qu'avec une escorte de quarante hommes armés d'arquebuses et de lances, il alla droit où nous avions trouvé les corps. La puanteur ne lui permit pas d'en approcher ; mais un sentiment de compassion lui fit ordonner à ses gens d'ouvrir une grande fosse pour leur donner la sépulture. En leur rendant ce dernier devoir, on aperçut aux uns des poignards garnis d'or, aux autres des bracelets du même métal. Mahmud, pénétrant aussitôt la vérité, me conseilla de dépêcher sur-le-champ une barque au gouverneur de Malaca, pour lui apprendre que ces morts étaient des Achémois qui avaient été défaits vraisemblablement près de Ténasserim, dans la guerre qu'ils avaient portée au roi de Siam. Il m'expliqua les raisons qu'il attachait à cette idée. Ceux, me dit-il, auxquels vous apercevez des bracelets d'or sont infailliblement de officiers d'Achem, dont l'usage est de se faire ensevelir avec tous les ornements qu'ils avaient dans le combat; et, pour ne m'en laisser aucun doute, il fit déterrer jusqu'à trente-sept cadavres auxquels on trouva seize bracelets d'or, douze poignards fort riches et plusieurs bagues. Nous conclûmes qu'après leur défaite, les Achémois étaient venus enterrer leurs capitaines dans l'île de Pizanduray. Ainsi le hasard nous fit trouver un butin de plus de mille ducats, dont Mahmud se saisit, sans y comprendre ce que ses gens eurent l'adresse de détourner. A la vérité, il le paya fort cher par les maladies que l'infection répandit dans son équipage, et qui lui enlevèrent quelques-uns de ses plus braves soldats. Pour moi, je me hâtai de faire partir ma barque pour informer don Pedro Faria de la route que j'avais suivie, et des conjectures du nécoda.

Avec ce nouveau motif de confiance, nous remîmes plus librement à la voile vers Ténassérim, où j'avais ordre de chercher plus particulièrement Lancerot Guerreyra. Nous passâmes à la vue d'une petite île nommée Pulo-Hinor, d'où nous vîmes venir une barque qui portait six hommes pauvrement vêtus. Ils nous saluèrent avec des témoignages d'amitié, auxquels nous répondîmes par les mêmes signes. Ensuite ils demandèrent s'il y avait quelques Portugais parmi nous. Le nécoda leur ayant répondu qu'il y en avait plusieurs à bord, ils parurent se défier d'un mahométan, et leur chef le pria de leur en faire voir un ou deux sur le tillac. Je ne fis pas de

4

difficulté de me montrer. Ils n'eurent pas plutôt reconnu
l'habit de ma nation, qu'étant passés dans la jonque avec de
vives marques de joie, ils me présentèrent une lettre que le
c'ef me pria de lire avant toute autre explication. Elle était
signée de plus de cinquante Portugais, entre lesquels étaient
les noms de Guerrayra et des trois capitaines de son escadre.
Ils assuraient tous les Portugais qui liraient cet écrit : « Que
l'honorable prince qui l'avait obtenu d'eux était le roi de
l'île et nouvellement converti à la foi chrétienne ; qu'il avait
rendu de bons offices à tous les Portugais qui avaient relâché
sur ses côtes, en les avertissant de la perfidie des Achémois,
et qu'il avait servi depuis peu à leur faire remporter sur ces
infidèles une victoire considérable, dans laquelle ils leur
avaient pris une galère, quatre galiotes et cinq fustes, après
leur avoir tué plus de mille hommes. Ils priaient tous les
capitaines, par les plaies de notre Seigneur Jésus-Christ et
par les mérites de sa sainte passion, d'empêcher qu'on ne fît
aucun tort, et de lui donner, au contraire, toute l'assistance
qu'il méritait par ses services et par sa foi. »

Je fis au roi d'Hinhor quelques offres de ma personne, car
mon pouvoir était fort borné pour d'autres secours. Cependant, après m'avoir appris qu'un de ses sujets mahométans
l'avait chassé du trône et réduit à la misère dont j'étais
témoin, il me jura que sa disgrâce n'était venue que de son
attachement pour le christianisme, et de son affection pour
les Portugais. Quelques braves chrétiens, ajouta-t-il, auraient suffi pour le rétablir dans ses petits États, surtout
depuis que le tiran se croyait si bien affermi dans son
usurpation, qu'il n'avait pas plus de trente hommes pour sa

garde. Ce récit n'ayant pu lui procurer de moi que des vœux impuissants, il réduisit les siens à me prier de le prendre avec moi, dans la seule vue de mettre du moins son salut à couvert; et, pour récompense, il m'offrit de me servir le reste de ses jours en qualité d'esclave.

Mon cœur ne résista point à ce discours. Je lui recommandai de ne point faire connaître sa religion devant le nécoda, qui était mahométan comme son ennemi; et m'étant informé de toutes les circonstances qui pouvaient faciliter un dessein que le ciel m'inspira, je représentai si vivement à Mahmoud combien il lui serait glorieux de rétablir un prince infortuné, et quel mérite il se ferait aux yeux du gouverneur en servant un ami des Portugais, qu'il ne m'opposa que les difficultés d'une grande entreprise. J'étais armé contre cette objection. D'ailleurs son fils, qui avait été nourri parmi les Portugais de Malaca, s'offrit à vérifier par ses yeux les forces de l'usurpateur. Nous disposâmes Mahmoud à faire une descente avec toutes les siennes, qui consistaient en quatre-vingts hommes bien armés.

Nous descendîmes au rivage à deux heures après minuit. Le fils du nécoda, conduit par le prince détrôné, n'eut pas de peine à se saisir de quelques insulaires, qui confirmèrent le récit de leur ancien maître, et parurent prêts à nous seconder. Nous recueillîmes de leurs discours que l'île n'était habitée que par des pêcheurs; et nous apprîmes que la garde actuelle de leur nouveau maître n'était que de cinquante hommes, mais faibles et si mal pourvus d'armes, que la plupart n'avaient que des bâtons pour leur défense. Un éclaircissement si favorable nous fit négliger les précautions

A la pointe du jour, le fils du nécoda forma l'avant-garde
avec quarante hommes, vingt desquels étaient armés d'arquebuses, et les autres de lances et de flèches. Le père suivit
avec trente soldats, et portait une enseigne que Pedro de
Faria lui avait donnée à son départ, sur laquelle était peinte
une croix, qui devait servir à le faire reconnaître des vaisseaux de notre nation pour vassal de la couronne portugaise.
Nous arrivâmes dans cet ordre au pied d'une mauvaise
enceinte de banbou, qui couvrait quelques cabanes, auxquelles on donnait le nom de palais ou de château. Les
ennemis se présentèrent avec de grands cris, qui semblaient
nous annoncer une forte résistance. Mais la vue d'un fauconneau dont nous nous étions pourvus, et le bruit de
quelques coups d'arquebuse leur firent prendre aussitôt la
fuite. Nous les poursuivîmes jusqu'au sommet d'une colline,
où nous jugeâmes qu'ils ne s'étaient arrêtés que pour
combattre avec plus d'avantage. Leur intention, au contraire,
était de composer pour leur vie, mais, apprenant qu'ils
étaient les principaux partisans de l'usurpateur, nous les
tuâmes à coups d'arquebuses et de lances, sans en excepter
plus de trois, qui se firent connaître pour chrétiens. De là
nous descendîmes dans un village composé de cabanes fort
basses, et couvertes de chaume, où nous trouvâmes soixante-quatre femmes avec leurs enfants, qui se mirent à
crier : « Chrétiens ! Chrétiens ! Jésus ! Jésus, sainte Marie ! »
Ces témoignages de christianisme me firent prier le nécoda
de les épargner. Cependant il me fut impossible de sauver
leurs cabanes du pillage. Il ne s'y trouva pas la valeur de
plus de cinq ducats : car l'île était si pauvre, que les plus

riches de l'un et de l'autre sexe n'avait pas de quoi couvrir
leur nudité. Ils ne se nourissaient que de poissons qu'ils
prenaient à la ligne. Cependant ils étaient si vains, que
chacun se nommait roi de la pièce de terre qui environnait
sa cabane ; et nous comprîmes que tout l'avantage de celui
que nous rétablissions sur le trône était d'avoir quelques
champs un peu plus étendus. Nous le remîmes en possession
de sa femme et de ses enfants, que son ennemis avait réduits
à l'esclavage.

XII

LA VILLE DE MARTABAN — ESCLAVAGE

Cette expédition n'ayant coûté qu'un peu de poudre au nécoda, nous rentrâmes dans notre jonque pour faire voile vers Ténassérim, où je me promettais de rencontrer Guerreyra et son escadre. Il y avait déjà cinq jours que nous tenions cette route, lorsque nous découvrîmes un bâtiment que nous prîmes d'abord pour une barque de pêcheurs. Il ne s'éloignait pas, et nous profitâmes de l'avantage du vent pour le joindre. Notre dessein était de prendre langue sur les événements, et de nous assurer de la distance des ports. Mais nous étant approchés à la portée de la voix, et ne voyant personne qui se présentât pour nous répondre, nous y envoyâmes une chaloupe avec ordre d'employer la force. Elle n'eut pas de peine à remorquer une très-petite barque qui paraissait abandonnée aux flots. Nous y trouvâmes cinq Portugais, deux morts et trois vivants, avec un coffre et trois sacs remplis de tangues et de larins, qui sont des monnaies d'argent du pays, un paquet de tasses et d'aiguières d'argent, et deux grands bassins du même métal. Après avoir pris un état de toutes les richesses, et les avoir déposées entre les mains du nécola,

je fis passer les trois Portugais dans la jonque; mais quoiqu'ils eussent la force de monter à bord, et de recevoir mes
bons traitements, je les gardai deux jours entiers sans en
pouvoir tirer un seul mot. Enfin la bonté des aliments les
ayant fait sortir de cette espèce de stupidité, ils se trouvèrent
en état de m'expliquer la cause de cet accident. L'un était
Christophe Doria, qui fut nommé dans la suite au gouvernement de Saint-Thomé; un autre se nommait Louis Taborda,
et le troisième Simon de Brito, tous gens d'honneur, et con-
nus par le succès de leur commerce, qui étaient partis de Goa
dans le vaisseau de Georges Manhez, pour se rendre au port
de Chatigam. Ils s'étaient perdus au banc de Rakan par la
négligence de la garde. De quatre-vingt-trois personnes qui
étaient à bord, dix-sept s'étaient jetées dans une petite barque. Ils avaient continué leur route le long de la côte, avec
l'espérance de s'avancer jusqu'à la rivière de Cosmin, au
royaume de Pégu, et d'y rencontrer le vaisseau de la gomme-
laque du roi, ou quelque marchand qui retournerait aux
Indes. Mais ils avaient été surpris par un vent d'ouest, qui,
dans l'espace d'une nuit, leur avait fait perdre la terre de
vue. Ainsi se trouvant en pleine mer sans voiles, sans rames,
et sans aucune connaissance des vents, ils avaient passé seize
jours dans cette situation, avec le secours de quelques vivres
qu'ils avaient sauvés. L'eau leur avait manqué. Cette priva-
tion, d'autant plus dangereuse qu'il leur restait encore de
quoi satisfaire leur faim, en avait fait périr douze, que les
autres avaient jetés successivement dans les flots. Enfin les
trois qui étaient demeurés vivants n'avaient pas eu la force de
rendre le même service aux derniers morts.

Nous continuâmes heureusement notre navigation jusqu'à Ténassérim, d'où nous prîmes par Touay, Metguim, Juncay, Pullo, Camude et Vagarru, sans y rencontrer les cent Portugais que j'avais ordre de chercher. Cependant j'appris avec joie, dans cette dernière place, qu'ils avaient battu quinze fustes d'Achem ; et je crus les conjectures de Mahmud bien confirmées. Le bruit s'était répandu que la ville de Martaban était assiégée par le roi de Brama avec une armée de sept cent mille hommes; et que Guerreyra s'était engagé au service de Chambayna, avec ses quatre fustes et tous les Portugais qu'il avait pu rassembler. Quoique cette nouvelle me parût encore incertaine, je ne balançai point à faire tourner mes voiles vers Martaban, dans l'espérance du moins de recevoir des informations plus sûres aux environs de cette ville. Neuf jours nous firent arriver à la barre. Il était deux heures de nuit. Après avoir jeté l'ancre dans une profonde tranquillité, nous entendîmes plusieurs coups d'artillerie qui commencèrent à nous causer de l'inquiétude. Mahmouh fit assembler le conseil. On conclut qu'il y avait peu de dangers à s'avancer prudemment dans la rivière. Nous doublâmes, à la pointe du jour, le cap de Mounay, d'où nous découvrîmes la ville de Martaban.

Elle nous parut environnée d'un grand nombre de gens de guerre, et les rives étaient bordées d'une multitude infinie de bâtiments à rames. Nous ne voguâmes pas moins jusqu'au port, où nous entrâmes avec beaucoup de précaution. Le nécoda donna les signes ordinaires de paix et de commerce. Nous vîmes bientôt venir à nous un vaisseau fort bien équipé, qui portait six Portugais, dont la vue nous causa beaucoup de joie. Ils nous apprirent que l'armée du roi de Brama était réellement composée de sept mille hommes, qu'il avait amenés dans une flotte de sept mille sept cents navires à rame, entre lesquels on comptait cent galères; que les Portugais, ayant promis leurs services au roi de Martaban, avaient abandonné ses intérêts par des raisons qui n'étaient connues que de leurs chefs, et qu'ils avaient pris parti pour le roi de Brama; qu'ils étaient au nombre de sept cents sous les ordres de Jean Cayero; qu'entre les principaux officiers, je trouverais Lancerot Guerreyra et ses trois capitaines, et qu'étant chargé des ordres de don Pedro Faria, je ne devais attendre d'eux que des civilités et des caresses; qu'à l'égard des Achémois, dont le gouverneur de Malaca se croyait menacé, sa crainte n'étant fondée que sur le départ de cent trente vaisseaux, qui étaient venus d'Achem sous la conduite de Bijaya Sora, roi de Pedir, ils m'assuraient que cette redoutable flotte avait été défaite par l'armée de Sornau, avec perte de soixante-dix bâtiments et de six mille hommes, sans compter la ruine de quinze fustes, qui étaient tombées entre les mains de Guerreyra; que dix ans ne suffisaient pas aux Achémois pour réparer leur disgrâce; enfin, que Mala était sans danger, et que les troupes portugaises étaient inutiles au gouverneur.

Je me rendis à terre pour recevoir les mêmes explications de Cayero. Il était retranché à quelques distances de la ville, sans aucune communication avec les assiégés, mais sans traité avec leurs ennemis, c'est-à-dire moins en apparence pour prendre part aux événements que pour les observer. Je lui présentai l'ordre du gouverneur.

Il me tint le même langage. Je le priai de m'en donner une

déclaration par écrit. Ces circonstances n'offrant rien qui dût m'arrêter, j'attendis le départ du nécoda, qui profitait habilement de l'occasion, pour exercer un commerce avantageux dans les deux camps. Son délai, qui dura quarante-six jours, me rendit témoin d'une horrible catastrophe.

Il y avait déjà plusieurs mois que le siége de Martaban était poussé avec vigueur. Les assiégés s'étaient défendus courageusement; mais n'ayant reçu aucun secours, ils se trouvaient si affaiblis par le fer, par la faim et par les maladies, que de cent trente mille soldats qu'on avait comptés dans la ville, et qui faisaient les principales forces du royaume, il n'en restait que cinq mille. Le roi, ne prenant plus conseil que de son désespoir, fit faire successivement trois propositions à l'ennemi. Il lui offrit d'abord, pour l'engager à lever le siége, trente mille bisses d'argent, qui vallaient un million d'or, et soixante mille ducats de tribut annuel. Cette tentative ayant été rejetée, il proposa de sortir de la ville, à la seule condition de se retirer librement dans deux vaisseaux avec sa femme et deux enfants. Le roi de Brama, qui en voulait non-seulement à ses trésors, mais à sa personne, ne parut pas plus sensible à cette offre. Enfin le malheureux Chambayna proposa, pour sa liberté et celle de sa famille, de lui abandonner sa couronne et le trésor du roi son prédécesseur, qu'on faisait monter à trois millions d'or. Cette promesse n'ayant pas été mieux reçue, il perdit toute espérance de composition avec un ennemi si cruel. Les Portugais devinrent son unique ressource, du moins pour se garantir du danger qui le menaçait personnellement. Il leur dépêcha un homme de leur nation, nommé Paul de Seixas, qui était attaché de-

puis longtemps à sa cour, avec une lettre pour Cayero, dans
laquelle il offrait de soumettre ses Etats au roi de Portugal, et
de lui livrer la moitié de ses trésors. Mais l'envie des principaux Portugais du conseil, qui s'imaginèrent que Cayero
profiterait seul des richesses de ce prince, sinon en les faisant
passer dans ses coffres, du moins en les portant seul au roi
du Portugal, qui ferait tomber sur lui toutes ses récompenses, et qui lui prodiguerait les comtés et les marquisats, ou
qui croirait ne pouvoir s'acquitter parfaitement, s'il ne le
nommait vice-roi des Indes, fit manquer une si belle occasion
d'enrichir Lisbonne des dépouilles de Martaban. Ces perfides
conseillers représentèrent combien il était dangereux d'of-
fenser le roi de Brama, qui pourrait employer tout d'un coup
sept cent mille hommes à sa vengeance contre une poignée de
Portugais. Ils déclarèrent même à Cayero que, s'il n'abandonnait la pensée d'assister le roi de Martaban, ils se croi-
raient obligés, pour leur propre sûreté, d'en avertir le vainqueur, et de sauver par cette voie les meilleures troupes que
le roi de Portugal eût aux Indes.

Cayero, forcé de renvoyer Seixas avec un refus, écrivit une
lettre civile à Chambayna, pour se justifier par de faibles
excuses. Nous apprîmes que ce malheureux prince, dans la
douleur de perdre une ressource qu'il avait réservée pour la
dernière, était tombé sans connaissance après avoir lu cette
réponse, et qu'en revenant à lui, il s'était frappé plusieurs
fois le visage, avec les regrets les plus touchants de sa misérable fortune et des plaintes amères de l'ingratitude des Portugais. Il eut la générosité de congédier Seixas, en l'exhortant
à chercher un protecteur plus heureux ; et ce ne fut pas sans

lui avoir fait de riches présents. Seixas revint au camp cinq jours après, et nous attendrit beaucoup par ce récit.

Chambayna connut qu'il ne lui restait plus d'espérance. Il rassembla tous ses officiers ; et, dans ce conseil général, on prit la résolution de donner la mort à tous les êtres vivants qui n'étaient pas capables de combattre, et de faire un sacrifice de ce sang à Quay-Nivandel, dieu des batailles. On devait jeter ensuite dans la mer tous les trésors du roi, et mettre le feu à la ville. Après ces trois exécutions, ceux qui se trouvaient en état de porter les armes, étaient déterminés à fondre sur les ennemis, pour chercher la mort, ou pour s'ouvrir un passage. Mais un des trois généraux de l'Etat, préférant l'opprobre à cette glorieuse fin, se jeta la nuit suivante avec quatre mille hommes dans le camp des Bramas. Le reste des troupes, qui ne montait pas à deux mille, parut si découragé par cette désertion, que dans la crainte de voir ouvrir les portes de la ville, ou d'être livré à l'ennemi, Chambayna prit enfin le parti de se rendre volontairement.

Le lendemain à six heures du matin, nous vîmes paraître sur les murs un étendard blanc, qui fut regardé comme le signe de la soumission. Un homme à cheval s'approcha des portes. On lui demanda les saufs-conduits ordinaires. Ils furent envoyés sur-le-champ par deux officiers bramas qui demeurèrent en ôtage dans la ville. Alors Chambayna fit porter à son ennemi, par un prêtre âgé de quatre-vingts ans, une lettre écrite de sa propre main. Elle contenait l'offre de s'abandonner à sa clémence avec sa femme, ses enfants, son royaume et tous ses trésors, sans autre condition que la liberté de passer le reste de sa vie dans un cloître. Le roi de Brama répondit aussitôt, par une autre lettre, qu'il oubliait les offenses passées, et que son dessein était d'accorder au roi de Martaban un état et des revenus dont il serait satisfait. Cette promesse n'était qu'une trahison. Cependant elle fut publiée dans le camp avec beaucoup de réjouissances.

Dès le lendemain, on vit briller tous les préparatifs du triomphe. Le roi fit dresser dans son quartier quatre-vingt six tentes d'une richesse admirable, dont chacune fut environnée de trente éléphants. Toute l'armée fut rangée dans un fort bel ordre, et les étrangers ayant été avertis de prendre les postes qui leur seraient assignés, Cayero ne put se dispenser d'en accepter un avec tous ses Portugais. Il se trouva placé à l'avant-garde, qui n'était pas éloignée de la porte par laquelle Chambeyna devait sortir. On comptait plus de quarante nations qui étaient rangées successivement depuis ce lieu jusqu'au quartier du roi, derrière lequel tous les bramas s'étaient rassemblés pour sa garde.

Un coup de canon qu'on tira vers midi fut le signal auquel nous vîmes ouvrir les portes de la ville. Trois cents éléphants armés commencèrent la marche : ils étaient suivis d'une partie des détachements bramas, qui avaient été envoyés, la veille, pour prendre possession des principaux postes; ensuite venaient tous les seigneurs qui s'étaient trouvés dans la ville, et qui partageaient l'infortune de leur maître. Huit ou dix pas après eux, on voyait le raulin de Monnay, ce même prêtre qui avait apporté au camp la soumission de Chambayna. Il était chef de tous les autres prêtres et pontifes suprêmes de la nation. Immédiatement après lui, on portait dans une litière Nhay-Conalou, fille du roi de Pégu, que les

Bramas avaient dépouillé aussi de ses États, et femme de
Chambayna. Elle avait près d'elle quatre petits enfants, deux
garçons et deux filles, dont le plus âgé n'avait pas plus de
sept ans. Sa litière était environnée de trente ou quarante
femmes, le visage penché vers la terre et les larmes aux yeux.
On voyait ensuite certains moines du pays qui vont pied nu
et la tête découverte. Ils tenaient en main une sorte de cha-
pelet, et, marchant en fort bon ordre, ils récitaient dévote-
ment leurs prières. Quelques-uns s'employaient aussi à consoler les femmes, et leur jetaient de l'eau sur le visage,
lorsqu'elles manquaient de force. Ce spectacle, qui se renouvelait souvent, aurait attendri des cœurs plus durs que le
mien. Une garde de gens de pied venait après les femmes et
les moines. Cinq cents Bramas suivaient à cheval, pour servir de gardes à Chambayna, qui marchait au milieu d'eux sur
un petit éléphant.

Il avait demandé le plus petit, comme un symbole de son
mépris pour le monde et de la pauvreté dans laquelle il se
proposait de passer le reste de sa vie. Il était vêtu d'une
assez longue robe de velours noir pour marquer son deuil ; sa
barbe, ses cheveux et ses sourcils étaient rasés ; et, dans le
vif sentiment de son infortune, il s'était fait mettre une corde
au cou, pour se présenter au vainqueur avec cette marque
d'humiliation ; il portait sur son visage l'impression d'une si
profonde tristesse, qu'il était impossible de le voir sans verser
des larmes. Son âge était d'environ soixante-deux ans ; il
avait la taille haute, l'air grave et sévère, et le regard d'un
prince généreux.

Aussitôt qu'il fut entré dans une grande place qui était de-

vant la porte de la ville, il s'éleva un si grand cri de femmes,
des enfants et des vieillards qui s'étaient rassemblés dans ce
lieu pour le voir passer, qu'on les aurait crus tous dans les
plus douloureux tourments, ou près de recevoir le coup de la
mort. Ce bruit funeste recommença six ou sept fois. La plupart de ces misérables se déchiraient le visage ou se frap-
paient à coup de pierres, avec si peu de pitié pour eux-mêmes, qu'ils en étaient tout sanglants. Les Bramas même ne
pouvaient retenir leurs pleurs. Ce fut dans cette place que la
reine s'évanouit deux fois. Chambayna descendit de son éléphant pour l'encourager, et la voyant sans aucune marque de
vie, quoiqu'elle ne cessât point de tenir ses enfants embrassés, il se mit à genoux près d'elle. Là, tournant ses regards
vers le ciel, il passa quelques moments en prières ; ensuite,
soit que les forces lui manquassent à lui-même ou qu'il fût
emporté par la violence de sa douleur, il se laissa tomber sur
le visage, près de la reine sa femme. A ce spectacle, l'assemblée, qui était sans nombre, recommença tout d'un coup à
pousser un si horrible cri, que toutes mes expressions ne sont
pas capables de le représenter. Chambayna s'étant relevé,
jeta lui-même de l'eau sur le visage de sa femme, et lui rendit
d'autres soins qui lui firent rappeler ses sens. L'ayant prise
alors entre ses bras, il employa pour la consoler des termes
si tendres et si religieux, qu'on les aurait admirés dans la
bouche d'un chrétien.

On lui accorda près d'une demi-heure pour ce triste office.
Il remonta sur son éléphant, et la marche continua dans le
même ordre. Lorsque, étant sorti de la ville, il fut arrivé à
l'espèce de rue qui était formée par deux filés de soldats

étrangers, ses yeux tombèrent sur les Portugais, qu'il recon-
nut à leurs colletins de buffle, à leurs toques garnies de plumes, et surtout à leurs arquebuses sur l'épaule. Il découvrit
au milieu d'eux Cayero, vêtu de satin incarnat, et tenant en
main une pique dorée, avec laquelle il faisait ouvrir le passage. Cette vue le toucha si sensiblement qu'il refusa d'aller
plus loin, et que le capitaine de la garde fut obligé de faire
quitter leur poste aux Portugais. Il se laissa même choir sur
le col de l'éléphant, et, s'arrêtant sans vouloir passer outre,
il dit, les larmes aux yeux, à ceux dont il était environné :
« Mes frères et bons amis, je vous proteste que ce m'est une
moindre douleur de faire de moi-même ce sacrifice que la
justice du ciel permet que je fasse aujourd'hui, que de voir
des hommes si ingrats et si méchants que ceux-ci. Qu'on me
tue donc ou qu'ils se retirent de là, ou bien je n'irai pas plus
avant. » Cela dit, il se tourna trois fois pour ne nous point
voir, par le ressentiment qu'il avait contre nous. Aussi, le
tout considéré, ce ne fut peut-être pas sans raison qu'il nous
traita de cette sorte. Durant ce temps-là, le capitaine de la
garde, voyant le retardement qu'il faisait et la cause pour laquelle il ne voulait passer outre, sans que néanmoins il pût
s'imaginer pourquoi il se plaignait ainsi des Portugais, tournant fort à la hâte son éléphant vers Cayero, et le regardant
d'un œil de travers : « Passe promptement, lui dit-il, car de
si méchants hommes que vous êtes ne méritent pas de marcher sur la terre qui porte du fruit, et je prie Dieu qu'il par-
donne à celui qui a mis dans l'esprit du roi que vous lui
pouviez être utiles à quelque chose. C'est pourquoi rasez vos
arbes pour ne pas tromper le monde comme vous faites, et

nous aurons des femmes à votre place qui nous serviront pour notre argent. » Là-dessus les Bramas de la garde, commençant déjà à s'irriter contre nous, nous jetèrent hors de là avec assez d'affront et de blâme. Aussi, pour ne point mentir, jamais rien ne me fut si sensible que cela, pour l'honneur de mes compatriotes.

On ne cessa plus de marcher jusqu'à la tente du vainqueur, qui attendait son captif avec une pompe royale. Chambayna, paraissant devant lui, se prosterna d'abord à ses pieds. On s'attendait à lui voir prononcer quelque discours convenable à son sort, mais la douleur et la confusion lui lièrent apparemment la langue. Il laissa cet office au raulin de Mounay, qui, ne se contentant pas d'exhorter le vainqueur à la clémence, lui représenta la vicissitude des fortunes humaines, et le rappela même à l'heure de la mort, où la justice du ciel s'exerce sur tous les hommes. Le roi de Brama parut touché de son discours : il ne balança point à faire espérer des grâces et des bienfaits ; cependant son cœur avait peu de part à cette promesse. Chambayna fut mis sous une garde sûre, et la reine sa femme ne fut pas gardée moins étroitement.

Entre les motifs qui avaient attiré tant d'étrangers dans l'armée des Bramas, on faisait beaucoup valoir l'espérance du pillage, que le roi leur avait promis sans exception. Cependant, sous prétexte de se faire amener tranquillement Chambayna, mais, en effet, pour se donner le temps d'enlever ses trésors, il avait mis de fortes gardes à toutes les portes de la ville, avec défense, sous peine de la vie, d'en accorder l'entrée sans sa participation. Après le jour du triomphe, il trouva des prétextes pour en laisser passer deux autres, pen-

Indes. 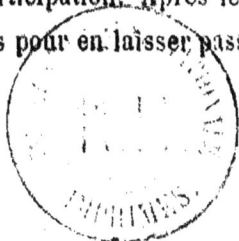 5

dant lesquels il mit à couvert les principales richesses de Martaban, et quatre mille hommes y furent employés. Ensuite, s'étant rendu de grand matin sur une colline, qui se nomme Beïdao, à deux portées de fauconneau de la ville, il fit lever la défense aux portes. Alors un coup de canon, qui fut le dernier signal, livra la malheureuse ville de Martaban à l'emportement d'un nombre infini de soldats, qui n'épargnèrent pas plus la vie que les richesses des habitants. Le pillage dura trois jours et demi, après lesquels on y mit le feu, qui la consuma jusqu'aux fondements. On m'assura que le nombre des morts montait à soixante mille hommes, et celui des prisonniers à quatre-vingt mille.

Quelques jours après, on vit paraître sur la même colline une multitude de gibets dont vingt étaient de la même hauteur, et les autres un peu moins élevés. Ils étaient dressés sur des piles de pierres entourées de grilles, au-dessus desquelles on avait placé des girouettes dorées. Cent Bramas y faisaient la garde à cheval. Plusieurs tranchées qui formaient d'autres enceintes étaient bordées d'enseignes tachées de gouttes de sang. Ce nouveau spectacle, paraissant annoncer quelque événement qui n'était pas connu de l'armée, j'eus la curiosité d'y courir avec cinq autres Portugais. Nous entendîmes d'abord un bruit extraordinaire qui venait du camp des Bramas. Tandis que nous en cherchions la cause, nous vîmes sortir du quartier du roi cent éléphants armés et quantité de gens de pied qui furent suivis de quinze cents Bramas à cheval. A cette cavalerie succéda un gros de trois mille hommes d'infanterie armés d'arquebuses et de lances, au milieu desquels nous découvrîmes cent quarante femmes liées quatre à qua-

tre, avec un grand nombre de moines du pays qui les conso-
laient par leurs exhortations. Toutes ces infortunées étaient
femmes ou filles des principaux capitaines de Chambayna,
et la plupart n'étaient âgées que de dix-sept à vingt-cinq
ans. Nous admirâmes leur blancheur et leur beauté; mais
elles étaient si faibles, que plusieurs tombaient évanouies
presqu'à chaque pas. Derrière elles nous vîmes paraître douze
huissiers avec leurs masses d'argent qui précédaient Nhay-
Canatou, reine de Martaban. Quatre hommes portaient ses
enfants autour d'elle. Après cette princesse marchaient deux
files de soixante moines priant dans leurs livres, la tête bais-
sée et les yeux baignés de larmes. Ils étaient suivis d'une
procession de trois ou quatre cents enfants nus jusqu'à la
ceinture, portant des cierges à la main et des cordes au cou,
qui faisaient retentir l'air de leurs cris et de leurs gémissements. On nous dit qu'ils n'étaient pas destinés au supplice,
et qu'ils n'accompagnaient la reine et ses dames que pour invoquer le ciel en leur faveur. Cette marche était fermée par
une autre garde d'infanterie et par cent éléphants armés
comme les premiers.

Lorsque ces misérables victimes furent entrées dans l'enceinte des échafauds, six huissiers à cheval publièrent leur
sentence. Elle portait que, étant filles ou femmes de pères et
de maris qui avaient tué un grand nombre de Bramas, et qui
avaient donné naissance à cette guerre, le roi les avait jugées
dignes de mort. Alors tous les exécuteurs de la justice s'étant
mêlés avec les gardes, on n'entendit plus qu'un effroyable
bruit. Entre les cent quarante femmes, celles qui avaient la
force de se soutenir embrassaient leurs compagnes, et jetaient

la vue sur Nhay-Canatou, qui était assise à terre, appuyée sur les genoux d'une vieille femme, et déjà presque morte; plusieurs lui firent leurs derniers compliments; mais elles furent bientôt saisies par les bourreaux, et pendues sept à sept par les pieds, c'est-à-dire la tête en bas. Cet étrange supplice nous fit entendre pendant quelque temps leurs cris et leurs sanglots, qui furent étouffés à la fin par la chute du sang

Alors Nhay-Canatou fut avertie de s'avancer vers l'instrument de sa mort. Le raulin de Mounay, qui avait ordre de l'assister particulièrement, lui adressa quelques discours qu'elle parut écouter avec constance. Elle demanda un peu d'eau, qu'on lui apporta; et, s'en étant rempli la bouche, elle en arrosa ses enfants, qu'elle tenait entre ses bras. Ensuite, jetant les yeux sur le bourreau qui se saisissait d'eux, elle lui demanda, au nom du ciel, de lui épargner le spectacle de leur supplice, en la faisant mourir la première. Il parut que cette faveur lui était accordée, car on lui rendit ses enfants, qu'elle embrassa plusieurs fois pour leur dire le dernier adieu. Mais tout d'un coup, penchant la tête sur les genoux de la femme qui lui servait d'appui, elle y expira sans aucune apparence de mouvement. Les bourreaux, qui s'en aperçurent aussitôt, se hâtèrent de l'attacher au gibet qui lui était destiné. Ils y pendirent en même temps ses quatre enfants, deux à chaque côté, et leur mère au milieu.

La nuit suivante, Chambayna fut jeté dans la mer une pierre au cou, avec environ soixante des principaux seigneurs du royaume de Martaban qui étaient pères, ou maris, ou frères des cent quarante femmes dont nous avions vu l'exécution.

Après cette cruelle vengeance, le roi de Brama ne passa pas plus de neuf jours à la vue des murs qu'il avait détruits ; et, prenant le chemin de Pégu avec son armée, il laissa dans le royaume de Martaban un corps de troupes sous la conduite de Bainha-Chaque, un de ses principaux officiers. Cayero le suivit avec les sept cents Portugais. Mais il en resta trois ou quatre entre lesquels était un gentilhomme nommé Gonzalo-Falcan, qui, ayant quitté Chambayna pour s'attacher au vainqueur, avait obtenu la confiance des Bramas par divers services. Don Pedro de Faria m'avait chargé d'une lettre pour lui ; et, le trouvant encore à Martaban lorsque j'y étais arrivé, je n'avais pas fait difficulté de l'informer de ma commission. Il était passé dans le parti du roi de Brama, et les suites du siège avaient suspendu sa perfidie. Mais, après le départ de l'armée, le désir apparemment de s'enrichir tout d'un coup par la dépouille de mon nécola, ou l'espérance de s'établir mieux que jamais dans la faveur des Bramas, lui fit oublier que j'étais Portugais comme lui et chargé des intérêts communs de notre nation. Il apprit au nouveau gouverneur de Martaban que j'étais venu de Malaca pour traiter avec Chambayna et pour lui offrir du secours. Baynha Chaque, de concert peut-être avec lui, me fit arrêter aussitôt ; et, s'étant rendu lui-même à la jonque qui m'avait amené, il se saisit de toutes les marchandises. Mahmud et cent soixante-quatre hommes du bord, entre lesquels on comptait quarante marchands fort riches, mahométans ou gentous, mais tous nés à Malaca, furent jetés dans une profonde prison. Dès le lende-

main, ils furent condamnés à la confiscation de leurs biens,
et à demeurer prisonniers du roi pour avoir été complices
d'un projet de trahison contre les Bramas. De cent soixante-
quatre, la faim, la soif et la puanteur d'un horrible cachot
en firent périr cent dix-neuf dans l'espace d'un mois. Les
quarante-cinq qui résistèrent à leurs souffrances furent mis
dans une mauvaise chaloupe sans voile et sans rames, et livrés au courant de la rivière, qui les entraîna jusqu'à la
barre, d'où le vent les poussa dans une île déserte nommée
Pulo-Cumude, qui est à vingt lieues de l'embouchure. Là ils
se fournirent de quelques provisions de fruits qu'ils trouvèrent dans les bois. Ensuite, s'étant fait voile de deux habits
et deux rames de quelques branches d'arbres, ils suivirent la
côte de Jonsalam, et celle d'après jusqu'à la rivière de Parlès,
au royaume de Queda, où ils moururent presque tous de
certaines apostumes contagieuses qui leur vinrent à la gorge.
Enfin, n'étant arrivés que deux à Malaca, ils parlèrent de ma
mort comme d'un malheur certain.

En effet, je n'attendais que l'heure du supplice. Après le
bannissement de mes compagnons, je fus transféré dans une
prison plus éloignée, où je passai trente-six jours sous le
poids de plusieurs chaînes. Gonzalo renouvelait continuellement des accusations; et mon chagrin ou ma fierté ne me
permettant pas toujours de répondre avec modération, on me
fit un nouveau crime du mépris qu'on me reprocha pour la
justice. Je fus condamné, pour expier cette offense, à recevoir
le fouet, par la main des exécuteurs publics; et mes ennemis firent dégoutter dans mes plaies une gommes brûlante
qui me causa de mortelles douleurs. Cependant quelques

amis de la justice ayant représenté au gouverneur que, s'il me faisait ôter la vie, cette nouvelle irait jusqu'à Pégu, où tous les Portugais ne manqueraient pas d'en faire leurs plaintes au roi, il se réduisit à confisquer tout ce que je possédais, et à me déclarer esclave du roi. Aussitôt que je fus guéri de mes blessures, je fus conduit à Pégu, dans les chaînes que je n'avais pas cessé de porter; et, sur les informations du *Bainha-Chaque*, je fus livré à la garde du trésorier du roi, nommé Diosoray, qui était déjà chargé de six autres Portugais pris les armes à la main dans un navire de Cananor.

Pendant mon esclavage, qui dura l'espace de deux ans et demi, le roi de Brama, poussant ses conquêtes, attaqua Prom, où il exerça les mêmes cruautés qu'à Martaban. Il ruina cette ville, et détruisit la famille royale. Mélitay, qui fit une plus longue résistance, ne fut pas moins emportée par la violence de cet impétueux torrent. De là, il se proposait de faire tomber le poids de ses armes sur le roi d'Ava, qu'il voulait punir d'avoir pensé à venger le roi de Prom, son gendre; mais, apprenant que ce monarque avait fait de puissants préparatifs, et s'était fortifié par l'alliance de l'empire de Pondalen, prince redoutable, auquel on donnait le titre de Siamon, il appréhenda que leurs forces réunies ne fussent capables d'arrêter sa fortune. Dans cette idée, il prit la résolution d'envoyer un ambassadeur au Calaminham, autre puissant prince, dont l'empire occupe le centre de cette contrée, dans une vaste étendue, pour l'engager, par ses présents et par l'offre de lui céder quelques terres voisines de ses États, à déclarer la guerre au Siamon. Diosoray, entre les mains de qui j'étais encore, avec sept autres Portugais, fut nommé pour cette ambassade. Il reçut une infinité de faveurs à son départ; et nous nous trouvâmes heureux nous-mêmes que le roi lui fit présent de nous pour le servir en qualité d'esclaves. Il nous avait traité jusqu'alors avec affection; l'utilité qu'il se promit de nos services parut augmenter ce sentiment. Il partit dans une barque, suivie de douze bâtiments, qui portaient trois cents hommes de cortége. Les richesses dont il était chargé pour le Calaminham montaient à plus d'un million d'or. Nous fûmes vêtus avec beaucoup de propreté; et la générosité de notre nouveau maître pourvut généralement à tous nos besoins.

Notre voyage et nos observations jusqu'à Timplam, capitale de l'empire de Calaminham, furent une diversion assez agréable à mes peines. A la pagode de Tinagogo, nous fûmes témoins de plusieurs fêtes, qui nous firent admirer tout à la fois l'aveuglement et la piété de ces peuples. Nous vîmes une infinité de balances suspendues à des verges de bronze, où se faisaient peser les dévots pour la rémission de leurs péchés, et le contre-poids que chacun mettait dans la balance était conforme à la qualité de ses fautes. Ainsi, ceux qui se reprochaient de la gourmandise, ou d'avoir passé l'année sans aucune abstinence, se pesaient avec du miel, du sucre, des œufs et du beurre. Ceux qui s'étaient livrés aux plaisirs sensuels, se pesaient avec du coton, de la plume, du drap, des parfums et du vin. Ceux qui avaient eu peu de charité pour les pauvres, se pesaient avec des pièces de monnaie; les paresseux avec du bois, du riz, du charbon, des bestiaux et des fruits; les orgueilleux avec du poisson sec, des balais et la fiente de vache, etc. Ces aumônes, qui tournaient au profit des prêtres, étaient en si grand nombre, qu'on les voyait rassemblées en pile. Les pauvres, qui n'avaient rien à donner, offraient leurs propres cheveux; et plus de cent prêtres étaient assis avec des ciseaux à la main pour les couper. De ces cheveux, dont on voyait aussi de grands monceaux, plus de mille prêtres, rangés en ordre, faisaient des cordons, des tresses, des bagues, des bracelets, que les dévots achetaient pour les emporter comme de précieux gages de la faveur du ciel.

On nous conduisit ensuite aux grottes des ermites ou des pénitents, qui étaient au fond d'un bois, à quelque distance de la colline du temple. Elles étaient taillées dans le roc à pointe de marteau, et toutes par ordre, avec tant d'habileté, qu'elles semblaient l'ouvrage de la nature, plutôt que de la main des hommes. Nous en comptâmes cent quarante-deux. Les ermites qui habitaient les premières avaient de longues robes, à la manière des bonzes du Japon, et suivant la loi d'une divinité qui, ayant passé autrefois par la condition humaine, sous le nom du Situmport Michay, avait ordonné pendant sa vie à ses sectateurs de pratiquer de grandes austérités. On nous dit que leur seule nourriture était des herbes cuites et des fruits sauvages. Dans d'autres grottes, nous vîmes des sectateurs d'Angemature, divinité plus austère encore, qui ne vivaient que de mouches, de fourmis, de scorpions et d'araignées, assaisonnés d'un jus de certaines herbes. Ils méditent jour et nuit, les yeux vers le ciel, et les deux poings fermés, pour exprimer le mépris qu'ils portent aux biens du monde. D'autres passent leur vie à crier nuit et jour, dans les montagnes, *Godomem*, qui est le nom de leur fondateur, et ne cessent

qu'en perdant haleine par la mort. Enfin ceux qui se nomment Taxilaeous s'enferment dans des grottes fort petites, et
lorsqu'ils croient avoir achevé le temps de leur pénitence, ils
hâtent leur mort en faisant brûler des chardons verts et des
épines, dont la fumée les étouffe.

Nous approchions de la capitale de Calaminham. Nous vîmes arriver un député du premier ministre de l'État, qui
apportait à l'ambassadeur toutes sortes de rafraîchissements,
et qui venait le prier de suspendre sa marche pendant neuf
jours. C'était un intervalle dont les officiers du Calaminham
avaient besoin pour leurs préparatifs. On nous les fit employer à divers amusements, tels que la chasse et la pêche, qui
étaient suivis de grands festins, de concerts, de musique et
de comédie. Cependant j'obtins de l'ambassadeur, pour mes
compagnons et pour moi, la permission de visiter plusieurs
curiosités du pays, que les-habitants nous avaient vantées.
On nous fit voir, aux environs de la rivière, des bâtiments fort
antiques, des temples somptueux, de fort beaux jardins, des
châteaux bien fortifiés et des maisons d'une structure singulière. Notre principale admiration fut un hôpital, nommé Manicaforam, qui servait uniquement à loger les pèlerins. Il
contenait plus d'une lieue dans son enceinte. On y voyait
douze rues voûtées, dont chacune était bordée de deux cent
quarante maisons, c'est-à-dire six vingt de chaque côté, toutes
remplies de pèlerins étrangers, qui ne cessaient pas de se
succéder pendant le cours de l'année. Ils y étaient non-seulement bien logés, mais nourris fort abondamment pendant le
jour, et servis par quatre mille prêtres, qui vivaient dans six
vingt monastères. Manicaforam signifie prison des dieux. Le

temple de cet hôpital était fort grand; il était composé de trois
nefs, dont le centre était une chapelle de forme ronde, environnée de trois balustres de laiton, avec deux portes, sur chacune desquelles on remarquait un gros marteau de même
métal. Cette chapelle renfermait quatre-vingts idoles des deux
sexes, sans y comprendre quantité d'autres petites divinités,
qui étaient prosternées devant les grandes. Celle-ci étaient debout, mais toutes attachées à des chaînes de fer, avec de gros
colliers, et quelques-unes avec des menottes. Les petites, qui
étaient presque étendues par terre, étaient attachées six à six
par la ceinture, à d'autres chaînes plus déliées. Autour des
balustrades, deux cent quarante figures de bronze, rangées
en trois files, avec des hallebardes et des massues sur l'épaule,
semblaient servir de gardes à tous ces dieux captifs. Les nefs
étaient traversées, aux environs de la chapelle, de plusieurs
verges de fer, sur lesquelles étaient quantité de flambeaux,
chacun de dix lumignons, vernissés à la manière des Indes,
comme les murs et tous les autres ornements du temple, en
témoignage de deuil pour la captivité des dieux.

Dans l'étonnement de ce spectacle, nous en demandâmes
l'explication aux prêtres. Ils nous dirent qu'un Calaminham,
nommé Xixivarom Mélitay, qui avait régné glorieusement sur
cette monarchie plusieurs siècles auparavant, s'étant vu
menacé par une ligue de vingt sept rois, les avait vaincus
dans une sanglante bataille, et leur avait enlevé tous leurs
dieux. C'était cette multitude d'idoles que nous paraissions
admirer. Depuis cette grande guerre, les vingt-sept nations
étaient demeurées tributaires des Calaminhams, et leurs
dieux portaient des chaînes. Il s'était répandu beaucoup de

sang, dans un si long espace, par les révoltes continuelles de tant de peuples qui ne pouvaient supporter cette humiliation. Ils ne cessaient pas d'en gémir; et chaque année ils renouvelaient le vœu qu'ils avaient fait de ne célébrer aucune fête et de n'allumer aucune lumière dans leurs temples, jusqu'à la délivrance des objets de leur culte. Cette querelle avait fait périr plus de trois millions d'hommes. Ce qui n'empêchait pas que les Calaminhams ne fissent honorer les dieux qu'ils avaient vaincus, et ne permissent à leurs anciens adorateurs de venir en pèlerinage dans ce lieu. Nous apprîmes aussi des mêmes prêtres   l'origine du culte que les païens des Indes rendent à Quay-Nivandel, dieu des batailles. C'était dans un champ, nommé Vitau, que le Calaminham, vainqueur des vingt-sept rois, avait détruit toutes leurs forces. Après le combat, ce dieu s'était présenté à lui, assis dans une chaise de bois, et lui avait ordonné de le faire reconnaître pour le dieu des batailles, plus grand que tous les autres dieux du pays. De là vient que dans les Indes, lorsqu'on veut persuader quelque chose qui paraît au dessus de la loi commune, on jure par le saint Quiay-Nivandel, dieu des batailles du champ de Vitau.

Après qu'on eut laissé à l'ambassadeur le temps de se reposer pendant neuf jours, il fut conduit au palais avec des cérémonies fort extraordinaires. On nous fit traverser quelques salles, et passer de là par le milieu d'un jardin, où les richesses de l'art et de la nature étaient répandues avec une admirable profusion. Les allées étaient bordées de balustrades d'argent. Tous les parfums de l'Orient paraissaient réunis dans les arbres et dans les fleurs. Je n'entreprendrai point la description de l'ordre qui régnait dans ce beau lieu, ni celle d'une variété d'objets dont je n'eus la vue qu'un moment; mais tout fut un enchantement pour mes yeux. Plusieurs jeunes femmes, aussi éclatantes par leur beauté que par la richesse de leur parure, s'exerçaient au bord d'une fontaine, les unes à danser, d'autres à jouer des instruments, quelques-unes à faire des tresses d'or ou d'argent. Nous passâmes trop rapidement pour ma curiosité dans une vaste antichambre, où les premiers seigneurs de l'empire étaient assis, les jambes croisés, sur de superbes tapis. Ils reçurent l'ambassadeur avec beaucoup de cérémonies, quoique sans quitter leur place. Au fond de cette antichambre, six huissiers avec leur masse d'argent nous ouvrirent une porte dorée, par laquelle on nous introduisit dans un espèce de temple.

C'était enfin la chambre du Calaminham : nos premiers regards tombèrent sur lui. Il était assis sur un trône majestueux, environné de trois balustrades d'or. Douze femmes d'une rare beauté, assises sur les degrés du trône, jouaient de diverses sortes d'instruments qu'elles accordaient au son de leurs voix. Sur le plus haut degré, c'est-à-dire autour du monarque, douze jeunes filles étaient à genoux avec des sceptres d'or à la main. Une autre, qui était debout, le rafraîchissait avec un éventail. En bas, la chambre était bordée par cinquante ou soixante vieillards qui portaient des mitres d'or sur la tête, et qui se tenaient debout contre le mur. En divers endroits quantité de belles femmes étaient assises sur de riches tapis. Nous jugeâmes qu'elles n'étaient pas moins de deux cents. Après tant de magnifiques spectacles que j'avais vus dans l'Asie, la merveilleuse structure de cette chambre, et la majesté de tout ce qui s'y présentait, ne laissa pas de me causer un véritable étonnement. L'ambassadeur discourant ensuite avec nous des merveilles de sa réception, nous dit qu'il se garderait bien de parler au roi son maître de la magnificence qui environnait la personne du Calaminham, dans la crainte de l'affliger, en diminuant l'idée qu'il avait de sa propre grandeur.

Les cérémonies de la salutation, et celles du compliment et de la réponse, ne m'offrirent rien dont je n'eusse déjà vu des exemples ; mais il me parut tout-à-fait nouveau qu'après une harangue de cinq ou six lignes et une réponse encore plus courte, tout le reste de l'audience fut employé en danses, en concerts et en comédies. Après quelques préludes des instruments, cette fête commença par une danse de six femmes âgées avec de jeunes garçons, qui fut suivie d'une autre danse de six vieillards avec six petites filles : bizarrerie que je ne trouvai pas sans agrément. Ensuite on joua plusieurs comédies, qui furent représentées avec un appareil si riche et tant de perfection, qu'on ne peut rien s'imaginer de plus agréable. Vers la fin du jour, le Calaminham se retira dans ses appartements intérieurs, accompagné seulement de ses femmes

Notre séjour à Timplam dura trente deux jours, pendant lesquels nous fûmes traités avec autant de civilité que d'abondance. Le temps que mes compagnons donnaient à leurs amusements, je l'employais avec une satisfaction extrême à visiter de somptueux édifices et des temples qui me ravissaient d'admiration. Je n'en vis pas de plus magnifique que celui de Quiay-Pimpocau, dieu des malades; et j'ai déjà fait remarquer que la piété de ces peuples se porte en particulier au soulagement des infirmités humaines.

A l'égard du Calaminham et de son empire, je donnerai d'autant moins d'étendue à mes observations, que je veux les resserrer dans les bornes de mes lumières.

Le royaume de Pégu qui n'a pas plus de cent quarante lieues de circuit, est environné par le haut d'une grande chaîne de montagnes nommées Pangaciran, qui sont habitées par la nation des Bramas, dont le pays a quatre-vingt lieues de largeur, sur environ deux cents de longueur. C'est au-delà de ces montagnes qu'il s'est formé deux grandes monarchies : celle de Siamon et celle du Calaminham. On donne à la seconde plus de trois cents lieues, dans les deux dimensions de la longueur et de la largeur, et l'on prétend qu'elle est composée de vingt-sept royaumes, dont tous les habitants n'ont qu'un même langage. Nous y vîmes plusieurs belles villes, et le pays nous parut extrêmement fertile. La capitale, qui est la résidence ordinaire de Calaminham, porte, aux Indes, le nom de Timplan. Elle est située sur une grande rivière nommée Bitay.

Le commerce est considérable à Timplan, et s'exerce avec beaucoup de liberté pendant les foires. Elles attirent quantité d'étrangers, qui apportent leurs richesses en échange pour celles du pays, et cette communication y fait trouver toutes sortes de marchandises. On n'y voit point de monnaie d'or ni d'argent. Tout se vend ou s'achète au poids des échanges.

La cour est fastueuse. La noblesse, qui est riche et polie, se fait honneur de contribuer par sa dépense à la grandeur

de ce monarque. On y voit toujours plusieurs capitaines
étrangers, que le Calaminham s'attache par de grosses pen-
sions. Il n'a jamais moins de soixante mille chevaux et de dix
mille éléphants autour de sa personne. Les vingt-sept royaumes dont l'État est composé sont gardés par un prodigieux
nombre d'autres troupes, divisées en sept cents compagnies
dont chacune doit être formée, suivant leur institution, de
deux mille hommes de pied, de cinq cents chevaux et de
quatre-vingts éléphants. Le revenu annuel monte à vingt
millions d'or, sans y comprendre les présents annuels des
princes et des seigneurs. L'abondance est répandue dans
toutes les conditions. Les gentilshommes sont servis en vais-
selle d'argent et quelquefois d'or. Celle du prince est en porcelaine ou de laiton. Tout le monde est vêtu, en été, de satin,
de damas et de taffetas rayés qui viennent de Perse. En hiver,
ce sont des robes doublées de belles peaux. Les femmes sont
fort blanches et d'un excellent naturel. En général le caractère des habitants est si doux, qu'ils connaissent peu les
querelles et les procès.

L'ambassadeur, après avoir reçu des lettres et des présents
pour le roi son maître, partit de cette cour le 3 novembre 1556, accompagné de quelques seigneurs qui avaient
ordre de l'accompagner jusqu'à Pridor. Ils prirent congé de
lui dans un grand festin. Dès le même jour ayant quitté cette
ville, nous nous embarquâmes sur la grande rivière de Bituy,
d'où nous passâmes dans le détroit de Manduré; et cinq jours
de plus nous firent arriver à Mouchel, première place du
royaume de Pégu.

Mais, si près du terme, et dans un lieu de la dépendance

du roi de Brama, nous étions attendus par un malheur dont nous ne pouvions nous croire menacés. Un corsaire, nommé *Chalagonim*, qui observait peut-être notre retour, nous atta-qua pendant la nuit, et nous traita si mal jusqu'au jour, qu'après nous avoir tué cent quatre-ving-dix hommes, entre lesquels étaient deux Portugais, il enleva cinq de nos douze barques. L'ambassadeur même eut le bras gauche coupé dans ce combat, et reçut deux coups de flèche qui firent longtemps désespérer de sa vie. Nous fûmes blessés aussi presque tous; et le présent du calaminham fut enlevé dans les cinq barques, avec quantité de précieuses marchandises. Dans ce triste état, nous arrivâmes trois jours après à Martaban. L'ambassadeur écrivit au roi pour lui rendre compte de son voyage et de son infortune. Ce prince fit partir aussitôt une flotte de cent vingt seros ou barques, qui rencontra le corsaire, et qui le fit pri-sonnier, après avoir ruiné sa flotte. Cent Portugais qui avaient été nommés pour cette expédition revinrent chargés de ri-chesses. On comptait alors au service du roi de Brama mille hommes de notre nation, commandés par Antonio de Fer-reira, né à Braganco, qui recevait du roi mille ducats d'ap-pointement.

Les lettres que ce prince avait reçues du calaminham lui promettant un ambassadeur qui devait être chargé de la con-clusion du traité, il cessa de compter pour le printemps pro-chain sur la diversion qu'il avait espérée, et la conquête d'Ava fut renvoyée à d'autres temps. Mais il fit partir le cha-migrem son frère, avec une armée de cent cinquante mille hommes pour faire le siège de *Savadi*, capitale d'un petit royaume, à cent trente lieues de Pégu vers le nord. J'étais de cette expédition à la suite du grand trésorier, avec les six portugais qui me restaient encore pour compagnons d'esclavage. Elle fut si malheureuse, qu'après avoir été repoussé plusieurs fois, le chamigrem, irrité par ses disgrâces, résolut de porter la guerre dans les autres parties de l'État. Diosoray, dont nous étions les esclaves, reçut l'ordre d'attaquer avec cinq mille hommes un bourg nommé *Valenty*, qui avait fourni des vivres à la ville assiégée. Cette entreprise n'eut pas plus de succès. Nous rencontrâmes en chemin un corps de Savadis beaucoup plus nombreux, qui taillèrent nos Bramas en pièces.

XIII

FUITE ET REVERS. — RETOUR

J'avais eu le bonheur d'éviter la mort avec mes compagnons. Nous prîmes la fuite à la faveur des ténèbres, mais avec si peu de connaissance des chemins, que pendant trois jours et demi nous traversâmes au hasard des montagnes désertes. De là nous entrâmes dans une plaine marécageuse, où toutes nos recherches ne nous firent pas découvrir d'autres traces que celles des tigres, des serpents et d'autres animaux sauvages. Cependant vers la nuit nous aperçûmes un feu du côté de l'est. Cette lumière nous servit de guide jusqu'au bord d'un grand lac. Quelques pauvres cabanes, que nous ne pûmes distinguer avant le jour, nous inspirèrent peu de confiance pour les habitants. Ainsi n'osant nous en approcher, nous demeurâmes cachés jusqu'au soir dans des herbes fort hautes, où nous fûmes la pâture des sangsues. La nuit nous rendit le courage de marcher jusqu'au lendemain. Nous arrivâmes au bord d'une grande rivière, que nous suivîmes l'espace de cinq jours. Enfin nous trouvâmes sur la rive une sorte de petit temple ou d'ermitage, dans lequel

nous fûmes reçus avec beaucoup d'humanité. On nous apprit
que nous étions encore sur les terres de Savady. Deux jours
de repos ayant réparé nos forces, nous continuâmes de suivre
notre route, comme le chemin le plus sûr pour nous avancer
vers les côtes maritimes. Le jour d'après, nous découvrîmes
le village de Pomiséray, dont les ermites nous avaient appris le nom ; mais la crainte nous retint dans un bois fort
épais, où nous ne pouvions être aperçus des passants. A minuit, nous en sortîmes pour retourner au bord de l'eau. Ce
triste et pénible voyage dura dix-sept jours, pendant lesquels
nous fûmes réduits pour nourriture à quelques provisions
que nous avions obtenues des ermites. Enfin, dans l'obscurité d'une nuit fort pluvieuse, nous découvrîmes devant nous
un feu qui ne paraissait éloigné que de la portée d'un fauconneau. Nous nous crûmes près de quelque ville ; et cette
idée nous jeta dans de nouvelles alarmes. Mais avec plus
d'attention, le mouvement de ce feu nous fit juger qu'il devait être sur quelque vaisseau qui cédait à l'agitation des
flots. En effet, nous étant avancés avec beaucoup de précaution, nous aperçûmes une grande barque et neuf hommes
qui en étaient sortis pour se retirer sous quelques arbres, où
ils préparaient tranquillement leur souper. Quoiqu'ils ne
fussent pas fort éloignés de la rive, où la barque était amar-
rée, nous comprîmes que la lumière qu'ils avaient près
d'eux, et qui nous les faisait découvrir, ne se répandant pas
sur nous dans les ténèbres, il ne nous était pas impossible
d'entrer dans la barque, et de nous en saisir avant qu'ils
pussent entreprendre de s'y opposer. Ce dessein ne fut pas
exécuté moins promptement qu'il n'avait été conçu. Nous

nous approchâmes doucement de la barque, qui était attachée au tronc d'un arbre et fort avancée dans la vase. Nous
la mîmes à flot avec nos épaules, et nous y étant embarqués
sans perdre un moment, nous commençâmes à ramer de
toutes nos forces. Le courant de l'eau et la faveur du vent
nous portèrent avant le jour à plus de dix lieues. Quelques
provisions que nous avions trouvées dans la barque ne pouvaient nous suffire pour une longue route; et nous n'en
étions pas moins résolus d'éviter tous les lieux habités. Mais
une pagode qui s'offrit le matin sur la rive nous inspira plus
de confiance. Elle se nommait Hinarel. Nous n'y trouvâmes
qu'un homme et trente-sept religieuses, la plupart fort âgées,
qui nous reçurent avec une grande apparence de charité. Cependant nous la prîmes pour l'effet de leur crainte, surtout
lorsque leur ayant fait diverses questions, elles s'obstinèrent
à nous répondre qu'elles étaient de pauvres femmes qui
avaient renoncé aux affaires du monde par un vœu solennel,
et qui n'avaient pas d'autre occupation que de demander à
Quiay-Ponveday de l'eau pour la fertilité des terres. Nous ne
laissâmes pas de tirer d'elles du riz, du sucre, des fèves, des
ognons et de la chair fumée, dont elles étaient fort bien pour-
vues; les ayant quittées le soir, nous nous abandonnâmes au
cours de la rivière; et pendant sept jours entiers, nous passâmes heureusement entre un grand nombre d'habitations
qui se présentaient sur les deux bords.

Mais il plut au ciel, après nous avoir conduits parmi tant
de dangers, de retirer tout d'un coup la main qui nous avait
soutenus. Le huitième jour, en traversant l'embouchure d'un
canal, nous nous vîmes attaqués par trois barques, d'où l'on

fît pleuvoir sur nous une si grande quantité de dards, que deux
de nos compagnons furent tués des premiers coups. Nous ne
restions que cinq. Il n'était pas douteux que nos ennemis ne
fussent des corsaires, avec qui la soumission était inutile
pour nous sauver de la mort ou de l'esclavage. Nous prîmes
le parti de nous précipiter dans l'eau, ensanglantés comme
nous l'étions de nos blessures. Le désir naturel de la vie soutint nos forces jusqu'à terre, où nous eûmes encore le courage de faire quelque chemin pour nous cacher dans les bois.
Mais, considérant bientôt combien il y avait peu d'apparence
de pouvoir résister à notre situation, nous regrettâmes de
n'avoir pas fini nos malheurs dans les flots. Deux de nos
compagnons étaient mortellement blessés. Loin de pouvoir
les secourir, le plus vigoureux d'entre nous était à peine capable de marcher. Après avoir pleuré longtemps notre sort,
nous nous traînâmes sur le bord de la rivière, et ne connais-
sant plus le dangers ni la crainte, nous résolûmes d'y attendre du hasard les secours que nous ne pouvions plus espérer
de nous-mêmes.

Nos ennemis avaient disparu. Mais le lieu qu'ils avaient
choisi pour nous attaquer était tout-à-coup désert. Vers la fin
du jour, nous vîmes d'assez loin un bâtiment qui descendait
avec le cours de l'eau. Comme notre ressource n'était plus
que dans l'humanité de ceux qui le conduisaient, nous ne for-
mâmes pas d'autres desseins que d'exciter leur compassion
par nos cris. Ils s'approchèrent. Dans la confusion des mouvements par lesquels nous nous efforçâmes de les attendrir,
un de nous fit quelques signes de croix, qui venaient peut-
être moins de sa piété que de sa douleur. Aussitôt une femme,

qui nous regardait attentivement, s'écria d'un ton qui partit jusqu'à nous : « Jésus ! voilà des chrétiens qui se rencontrent devant mes yeux ! et, pressant les matelots d'aborder près de nous, elle fut la première qui descendit avec son mari. C'était une Pégouane, qui avait embrassé le cristianisme, quoique femme d'un païen dont elle était aimée tendrement. Ils avaient chargé ce vaisseau de coton pour l'aller vendre à osmin. Nous reçûmes d'eux tous les bons offices de la charité chrétienne. Cinq jours après, étant arrivés à Cosmin, port maritime de Pégu, ils nous accordèrent un logement dans leur maison. Nos blessures y furent pensées soigneusement ; et dans l'espace de quelques semaines nous nous trouvâmes assez rétablis pour nous embarquer sur un vaisseau portugais qui partait pour le Bengale.

En arrivant au port de Chatigam, où le commerce de notre nation était bien établi, je profitai du départ d'une fuste marchande qui faisait voile à Goa. Notre navigation fut heureuse. Je trouvai dans cette ville don Pedro de Faria, mon ancien protecteur, qui avait fini le terme de son administration à Malaca. Son affection fut réveillée par le récit de mes infortunes. Il se fit un devoir de conscience et d'honneur de me rendre une partie des biens que j'avais perdus à son service.

La générosité de don Pedro n'ayant point assez rétabli mes affaires pour m'inspirer le goût du repos, je cherchai l'occasion de faire un nouveau voyage à la Chine, et de tenter encore une fois la fortune dans un pays où je n'avais éprouvé que son inconstance. Je m'embarquai à Goa dans une jonque de mon bienfaiteur, qui allait charger du poivre dans les ports de la Sonde. Nous arrivâmes à Malaca.

Quatre vaisseaux indiens, qui entreprirent avec nous le voyage de la Chine, nous formèrent comme une escorte, avec laquelle nous arrivâmes heureusement au port de Chincheu. Mais quoique les Portuguais y exerçassent librement leur commerce, nous y passâmes trois mois et demi dans de continuels dangers. On n'y parlait que de révolte et de guerre. Les corsaires profitaient de ce désordre pour attaquer les vaisseaux marchands jusqu'au milieu des ports. La crainte nous fit quitter Chincheu pour nous rendre à Chabaquay. C'était nous précipiter dans les malheurs dont nous espérions de nous garantir. Six vingt jonques que nous y trouvâmes à l'ancre nous enlevèrent trois de nos cinq vaisseaux. Le nôtre se garantit par un bonheur qui me causa de l'admiration. Mais les vents d'est qui commençaient à s'élever, nous autant l'espérance d'aborder dans d'autres ports, nous nous vîmes forcés de reprendre la haute mer, où nous tînmes une route incertaine pendant vingt-deux jours. La barre de Cambaye, que nous reconnûmes le vingt-troisième au matin, ranima notre courage; et nous en approchions dans le dessein de jeter l'ancre, lorsqu'une furieuse tempête, qui nous surprit à l'ouest sud-ouest, ouvrit notre quille de poupe. Les plus habiles matelots ne virent pas d'autres ressource que de couper les deux mâts et de jeter toutes nos marchandises à la mer. Ce soulagement et quelque apparence de tranquillité qui commençait à renaître sur les flots, nous donnaient l'espérance d'avancer jusqu'à la barre. Mais la nuit qui survint nous ayant obligé de nous abandonner sans mâts et sans voiles aux vents qui soufflaient encore avec un reste de fureur, nous allâmes échouer sur un écueil, où le premier choc nous fit perdre soixante-deux personnes.

Ce malheur nous jeta dans une si grande consternation, que de tous les Portugais, il n'y en eut pas un seul à qui la force du danger fit faire le moindre mouvement pour se sauver. Nos matelots chinois, plus industrieux et moins timides, employèrent le reste de la nuit à ramasser des planches et des poutres, dont il composèrent un radeau qui se trouva fini à la pointe du jour. Ils l'avaient fait si grand et si solide, qu'il pouvait contenir facilement quarante hommes ; et tel était à peu près leur nombre. Martin Estavez, capitaine du vaisseau, à qui la lumière apprenait qu'il ne restait plus d'autre espérance, pria instamment ses propres valets, qui s'étaient déjà retirés dans cet asile, de le recevoir avec eux. Ils eurent l'audace de répondre qu'ils ne le pouvaient sans danger pour leur sûreté. Un Portugais nommé Ruy de Moura, qui entendit ce discours, sentit renaître son courage avec sa colère ; et se levant, quoiqu'assez blessé, il nous représenta si vivement combien il était important pour notre vie de nous saisir du radeau, qu'au nombre de vingt-huit, comme nous étions, nous entreprîmes de l'ôter aux Chinois. Il nous opposèrent des haches de fer qu'ils avaient à la main ; mais nous fîmes une exécution si terrible avec nos épées, que dans l'espace de trois à quatre minutes tous nos ennemis furent abattus à nos pieds. Cependant nous perdîmes seize Portugais dans ce combat, sans compter douze blessés, dont quatre moururent le jour d'après. Un si triste spectacle me fit faire des réflexions sur les misères de la vie humaine : il n'y avait pas

Indes.   6

douze heures que nous nous étions tous embrassés dans le
navire, et que, nous regardant comme frères, nous étions disposés à mourir l'un pour l'autre.

Aussitôt que nous fûmes en possession du radeau qui nous
avait coûté tant de sang, chacun s'empressa de s'y placer
dans l'ordre qu'Estevez jugea nécessaire pour nous soutenir
contre l'agitation des vagues. Nous étions encore trente-huit,
en y comprenant nos valets et quelques enfants. Le radeau ne
fut pas plus tôt à flot que s'enfonçant sous le poids, nous
nous trouvâmes dans l'eau jusqu'au cou, sans cesse obligés
de nous attacher à quelque solive que nous tenions embras-
sée. Une courte-pointe nous servit de voile : mais étant sans
boussole, nous flottâmes quatre jours entiers dans cette misérable situation. La faim, le froid, la crainte et toutes les hor-
reurs de notre sort faisaient périr à chaque moment quelqu'un
de nos compagnons. Plusieurs se nourrirent pendant deux
jours du corps d'un nègre qui était mort près d'eux. Nous
fûmes jetés enfin vers la terre ; et cette vue nous causa tant
de joie, que de quinze à qui le ciel conservait encore la vie,
quatre la perdirent subitement. Ainsi nous ne nous trouvâmes qu'au nombre de onze, sept Portugais et quatre Indiens,
en abordant la terre dans une plage où notre radeau glissa
heureusement sur le sable.

Les premiers mouvements de notre reconnaissance se tournèrent vers le ciel, qui nous avait délivrés des périls de la
mer ; mais ce ne fut pas sans frémir de ceux auxquels nous
demeurions exposés. Le pays était désert, et nous vîmes quelques tigres, que nous mîmes en fuite par nos cris. Les élé-

phants, qui se présentaient en grand nombre, nous parurent
moins dangereux; ils ne nous empêchèrent pas de rassasier
notre faim avec des huîtres et d'autres coquillages. Nous en
prîmes notre charge pour traverser les bois qui bordaient la
côte; et dans notre marche nous eûmes recours aux cris pour
éloigner les bêtes féroces. Après avoir fait quelques lieues
dans un bois fort couvert, nous arrivâmes au bord d'une rivière d'eau douce, qui nous servit à satisfaire un de nos plus
pressants besoins; mais nous nous crûmes à la fin de nos
maux en voyant paraître une barque plate chargée de bois de
charpente. Elle était conduite par huit ou neuf nègres, dont
la figure nous effraya peu, lorsque nous eûmes considéré
qu'un pays où l'on bâtissait des édifices réguliers ne pouvait
être habité par des barbares. Ils s'approchèrent effectivement
de la terre pour nous faire diverses questions. Cependant,
après avoir paru satisfaits de nos réponses, ils nous déclarèrent que pour être reçus à bord, il fallait commencer par leur
abandoner nos épées. La nécessité nous força de les jeter
dans leur barque. Alors ils nous exhortèrent de nous y rendre
à la nage, parce qu'ils ne pouvaient s'avancer jusqu'à terre.
Nous nous disposâmes encore à leur obéir. Un Portugais et
deux jeunes Indiens se jetèrent dans l'eau pour saisir une
corde qu'on nous avait jetée dans la barque; mais à peine
eurent-ils commencé à nager qu'ils furent dévorés par trois
crocodiles, sans qu'il parût d'autre reste de leur corps que
des traces de sang dont l'eau fut teinte en divers endroits.

J'étais déjà jusqu'aux genoux dans la vase avec mes sept
autres compagnons. Nous demeurâmes si troublés de ce
funeste accident, qu'ayant à peine la force de nous soutenir,

les nègres qui nous virent dans cet état sautèrent à terre, nous lièrent par le milieu du corps et nous mirent dans leur barque. Ce fut pour nous combler d'injures et de mauvais traitements ; ensuite ils nous menèrent à douze lieues de là, dans une ville nommée Cherbom, où nous apprimes que nous étions dans le pays des Papuas. Nous y fûmes vendus à un marchand de l'île Célèbes, sous le pouvoir duquel nous demeurâmes plus d'un mois ; il ne nous laissa manquer ni de vêtements ni de nourriture ; mais, sans nous faire connaître ses motifs, il nous revendit au roi de Calapa, prince ami des Portugais, qui nous renvoya généreusement au détroit de la Sonde. »

Pinto, plus pauvre que jamais, entreprend encore un voyage à la Chine. Il est témoin de la ruine du comptoir portugais à Lampto.

Un négociant de quelque distinction, nommé Lancerot-Pareyra, natif de Pont-Lima, ville de Portugal, avait prêté une somme considérable à quelques Chinois, qui négligèrent leurs affaires jusqu'à se trouver dans l'impuissance de la restituer. Le chagrin de cette perte excita Lancerot à rassembler quinze ou vingt Portugais aussi déréglés dans leurs mœurs que dans leur fortune, avec lesquels il prit le temps dans la nuit pour se jeter dans le village de Chipaton, à deux lieues de la ville. Ils y pillèrent les maisons de dix ou douze laboureurs ; et s'étant saisis de leurs femmes et de leurs enfants, ils tuèrent dans ce tumulte treize Chinois qui ne les avaient jamais offensés. L'alarme fut aussitôt répandue dans la province, et tous les habitants firent retentir leurs plaintes. Le mandarin prit des informations dans toutes les règles de la justice. Elles furent envoyées à la cour. Un ordre plus prompt que toutes les mesures par lesquelles on s'était flatté de l'arrêter, amena au port trois cents jonques, montées d'environ soixante mille hommes, qui fondirent sur notre malheureuse colonie. Je fus témoin que dans l'espace de cinq mois, ces cruels ennemis n'y laissèrent pas la moindre chose à laquelle on pût donner un nom ; tout fut brûlé ou démoli. Les habitants ayant pris le parti de se réfugier dans les navires et les jonques qu'ils avaient à l'ancre, y furent poursuivis et la plupart consumés par les flammes, au nombre de deux mille chrétiens, parmi lesquels on comptait huit cents Portugais. Notre perte fut estimée à deux millions d'or. Mais ce désastre en produisit un beaucoup plus grand, qui fut la perte entière de notre réputation et de notre crédit à la Chine.

Peu de temps après, d'heureuses nouvelles nous vinrent de Canton. Le 17 du mois d'avril 1556, nous apprîmes que la province de Chan-Si avait été abîmée presqu'entièrement, avec des circonstances dont le seul récit nous fit pâlir d'effroi. Le premier jour du même mois, la terre y avait commencé à trembler vers onze heures du soir, avec beaucoup de violence, et ce mouvement avait duré deux heures entières. Il s'était renouvelé la nuit suivante, depuis minuit jusqu'à deux heures ; et la troisième nuit, depuis une heure jusqu'à trois. Pendant que la terre tremblait, l'agitation du ciel n'était pas moins terrible par le déchaînement de tous les vents, par le tonnerre, la pluie et tous les fléaux de la nature. Enfin le troisième tremblement avait ouvert une infinité de passages à des torrents d'eau, qui sortaient à gros bouillons du sein de la terre avec tant d'impétuosité dans leur ravage, qu'en peu de moments un espace de soixante lieues de tour avait été englouti, sans que d'une multitude infinie d'habitants il se fût sauvé d'autres créatures vivantes qu'un enfant de sept ans, qui fut présenté à l'empereur comme une merveille du sort. Nous nous défiâmes d'abord de la vérité de ce désastre, et plusieurs d'entre nous le crurent impossible. Cependant, comme il était confirmé par toutes les lettres de Canton, quatorze Portugais résolurent de passer le continent pour s'en assurer de leurs propres yeux. Ils se rendirent, avec la permission des mandarins, dans la province même de Cham-Si, où la vue d'une révolution si récente ne put les tromper. Leur témoignage ne laissant plus aucun doute, on tira d'eux, à leur retour, une attestation qui fut envoyée depuis par François Toscano, capitaine de notre vaisseau, au roi don Jean de Portugal; et, pour dernière confirmation, elle fut portée à la cour de Lisbonne par un prêtre nommé Diégo Reinel, qui avait été du nombre des quatorze témoins. On nous raconta que dans la suite, avec moins de certitude, quoique ce fût l'opinion commune, que pendant les trois jours du tremblement de terre, il avait plu du sang dans la ville de Pékin. Au moins ne pûmes-nous douter que l'empereur et la plupart des habitants n'en fussent sortis pour se réfugier à Nan-Kin; et que ce monarque, après avoir fait six cent mille ducats d'aumônes pour apaiser la colère du ciel, n'eût élevé un temple somptueux sous le nom d'*Hypatican*, qui signifie *amour de Dieu*. Cinq Portugais, qui furent délivrés à cette occasion de la prison de Pocassor, où ils languissaient depuis vingt ans, nous donnèrent ces informations avant notre départ.

Les Portugais, chassés de Lampio, s'étaient procuré un autre établissement dans l'île de Lampacau. C'est là que Pinto s'embarque encore une fois pour le Japon. Il trouve moyen de s'y rendre agréable à l'empereur. Il en obtient des présents considérables, avec lesquels il revient à Foa. Il apportait une lettre du monarque japonais, qui donnait les plus belles espérances de commerce et d'établissement aux Portugais. Pinto croyait obtenir de grandes récompenses de ce service. Mais voici comment il termine son récit.

François Baratto, qui avait succédé, dans cet intervalle, au gouvernement général des Indes, parut sensible au plaisir de recevoir une lettre et des présents, par lesquels il se flatta de faire avantageusement sa cour au Portugal. « J'estime ce que vous m'apportez, me dit-il en les recevant, plus que l'emploi dont je suis revêtu ; et j'espère que ce présent et cette lettre serviront à me garantir de l'écueil de Lisbonne, où la plupart de ceux qui ont gouverné les Indes ne vont mettre pied à terre que pour se perdre.

Dans la reconnaissance qu'il eut pour ce service, il me fit des offres que d'autres vues ne me permirent pas d'accepter. Ma fortune, quoique fort éloignée de l'opulence, commençait à borner mes désirs ; et l'ennui du travail s'étant fortifié dans mon cœur à mesure que j'avais acquis le pouvoir d'y renoncer, je n'avais plus d'impatience que pour aller jouir dans ma patrie d'un repos que j'avais acheté si cher. Cependant je profitai de la disposition du vice-roi pour vérifier devant lui, par des attestations et des actes, combien de fois j'étais tombé dans l'esclavage, pour le service du roi ou de la nation, ou combien de fois j'avais été dépouillé de mes marchandises. Je m'imaginais qu'avec ces précautions, les récompenses ne pouvaient me manquer à Lisbonne. Dom François Baratto joignit à toutes ces pièces une lettre au roi, dans laquelle il rendait un témoignage fort honorable de ma conduite et de mes services. Enfin je m'embarquai pour l'Europe, si content de mes papiers, que je les regardais comme la meilleure partie de mon bien.

Une heureuse navigation me fit arriver à Lisbonne, le 22 de septembre 1558, dans un temps où le royaume jouissait d'une profonde paix sous le gouvernement de la reine Catherine. Après avoir remis à Sa Majesté la lettre du vice-roi, j'eus l'honneur de lui expliquer tout ce qu'une longue expérience m'avait fait recueillir d'important pour l'utilité des affaires; et je n'oubliai pas de lui représenter les miennes. Elle me renvoya au ministre, qui me donna les plus hautes espérances. Mais, oubliant aussitôt ses promesses, il garda mes papiers l'espace de quatre ou cinq ans, à la fin desquels je n'en trouvai pas d'autre fruit que l'ennui d'un nouveau genre de servitude, dans mon assiduité continuelle à la cour, et dans une infinité de vaines sollicitations, qui me devinrent plus insupportables que toutes mes anciennes fatigues. Enfin je pris le parti d'abandonner ce procès à la justice divine, et de me réduire à la petite fortune que j'avais apportée des Indes, et dont je n'avais obligation qu'à moi-même.

DE LA GUERRE

CHEZ LES SAUVAGES DU CANADA.

Vers les dix ou onze heures du soir, un jour j'entendis un cri, qu'on me dit être un cri de guerre, et, peu de temps après, je vis une troupe de Missisaguez qui entraient dans le fort en chantant. Depuis quelques années, ces sauvages se sont laissés engager dans la guerre que les Iroquois font aux Chéraquis, peuple assez nombreux qui habite un très beau pays au sud du lac Érié; et, depuis ce temps-là, les poings démangent à leurs jeunes gens. Trois ou quatre de ces braves, équipés comme s'ils avaient voulu faire une mascarade, le visage peint de manière à insirer de l'horreur, et suivis de presque tous les sauvages qui demeurent aux environs du fort, après avoir parcouru les cabanes en chantant leurs chansons de guerre au son du chichikoué, venaient faire la même chose dans tous les appartements du fort, par honneur pour le commandant et les officiers. ,6

Cette cérémonie a quelque chose qui inspire de l'horreur, quand on la voit pour la première fois, et je n'avais pas encore senti jusque-là, comme je le fis alors, que j'étois parmi les barbares. Leur chant a toujours quelque chose de lugubre et de sombre; mais ici j'y trouvai je ne sais quoi d'effrayant, causé peut-être uniquement par l'obscurité de la nuit, et par l'appareil de la fête, car c'en est une pour les sauvages. C'est aux Iroquois que s'adressait cette invitation; mais ceux-ci, à qui la guerre des Chéraquis commençait à devenir à charge, ou qui n'étaient pas en humeur, demandèrent du temps pour délibérer, et chacun s'en retourna chez soi.

Il paraît que dans ces chansons on invoque le Dieu de la guerre, que les Hurons appellent Areskoui, et les Iroquois, Agreskoué. Je ne sais pas quel nom on lui donne dans les langues algonquines. Mais n'est-il pas un peu étonnant que dans le mot grec *Arès*, qui est le Mars et le dieu de la guerre dans tous les pays où l'on a suivi la théologie d'Homère, on trouve la racine d'où semblent dériver plusieurs termes de la langue huronne et iroquoise, qui ont rapport à la guerre? Aregouen signifie faire la guerre, et se conjugue ainsi : garego, je fais la guerre; sarego, tu fais la guerre; arego, il fait la guerre. Au reste, Areskoui n'est pas seulement le Mars de ces peuples, il est encore le souverain des dieux, ou, comme ils s'expriment, le grand-esprit, le créateur et le maître du monde, le génie qui gouverne tout; mais c'est principalement pour les expéditions militaires qu'on l'invoque, comme si la qualité qui lui fait le plus d'honneur était celle du dieu des armées. Son nom est le cri de guerre avant le combat et au fort de la mélée; dans les marches même on le répète

souvent, comme pour s'encourager et pour implorer son assistance.

Lever la hache, c'est déclarer la guerre. Tout particulier a
le droit de le faire sans qu'on puisse y trouver à redire, si ce
n'est parmi les Hurons et les Iroquois, où les mères de famille ordonnent et défendent la guerre, quand il leur plaît.
Nous avons vu jusqu'où s'étend leur autorité dans ces nations. Mais si une matrone veut engager quelqu'un qui ne
dépend point d'elle à lever un parti de guerre, soit pour
apaiser les mânes de son mari, de son fils ou de son proche
parent, soit pour avoir des prisonniers qui remplacent dans
sa cabane ceux que la mort ou la captivité lui a enlevés, il
faut qu'elle lui présente un collier de porcelaine, et il est
rare qu'une telle invitation soit sans effet.

Quand il s'agit d'une guerre dans les formes entre deux ou
plusieurs nations, la façon « de s'exprimer est de suspendre
la chaudière sur le feu; » et elle a sans doute son origine
dans la coutume barbare de manger les prisonniers et ceux
qui ont été tués, après les avoir fait bouillir. On dit même
tout simplement qu'on va manger une nation, pour signifier
qu'on veut lui faire la guerre à outrance, et il est rare qu'on
la fasse autrement. Quand on veut engager son allié dans sa
querelle, on lui envoie une porcelaine, c'est-à-dire une grande
coquille, pour l'inviter à boire le sang, ou, comme portent
les termes dont on use, du bouillon de la chair de ses ennemis. Après tout, cette pratique pourrait être très ancienne,
sans qu'on puisse en inférer que ces peuples ont toujours été
antropophages. Ce n'était peut-être dans les premiers temps
qu'une façon de parler allégorique, telle que l'Écriture même

nous en fournit plusieurs. David n'avait apparemment pas
affaire à des ennemis qui fussent dans l'usage de manger de
la chair humaine, lorsqu'il disait : *Dum appropiant super
me nocentes, ut edant carnes meas*. Dans la suite, certaines
nations, devenues sauvages et barbares, auront substitué
la réalité à la figure.

J'ai dit que les porcelaines de ces pays sont des coquilles :
elles se trouvent sur les côtes de la Nouvelle-Angleterre et
sur celles de la Virginie ; elles sont cannelées, allongées, un
peu pointues, sans oreilles et assez épaisses. La chair du
poisson renfermé dans ces coquillages n'est pas bonne à
manger, mais le dedans a un si beau verni et a des couleurs
si vives, que l'art ne peut rien faire qui en approche. Autrefois les sauvages les pendaient à leur cou, comme la chose la
plus précieuse qu'ils eussent, et c'est encore aujourd'hui une
de leurs plus grandes richesses et leur plus belle parure. En
un mot, ils en ont la même idée que nous avons de l'or et de
l'argent, et des pierreries, en cela d'autant plus raisonnables
qu'ils n'ont, pour ainsi dire, qu'à se baisser pour se procurer
des trésors aussi réels que les nôtres, puisque tout cela dépend de l'opinion.

Jacques Cartier parle, dans ses Mémoires, d'une espèce de
coquillage fait en cornibot, qu'il trouva, dit-il, dans l'île de
Montréal. Il le nomme Esurgni, et assure qu'il avait la vertu
d'arrêter le saignement du nez. Peut-être est-ce la même
dont il s'agit ici, mais on n'en ramasse point sur les bords
de l'île de Montréal, et je n'ai pas ouï dire que les coquillages
de Virginie aient la propriété dont parle Cartier.

Il y en a de deux sortes, ou, pour parler plus juste, de deux couleurs, l'une blanche et l'autre violette. La première est plus commune, et peut-être pour cela même moins estimée.

La seconde paraît avoir le grain un peu plus fin, quand elle est travaillée. Plus sa couleur est foncée, et plus elle est recherchée. On fait de l'une et de l'autre de petits grains cylindriques, on les perce et on les enfile; c'est de quoi on fait les branches et les colliers de porcelaine. Les blanches ne sont autre chose que quatre ou cinq fils, ou petites lanières de peaux d'environ un pied de long, où sont enfilés les grains de porcelaine. Les colliers sont des espèces de bandeaux ou de diadèmes formés de ces branches, assujetties par des fils qui en font un tissu de quatre, cinq, six ou sept rangées de grains, et d'une longueur proportionnée. Cela dépend de l'importance de l'affaire qu'on veut traiter et de la dignité des personnes à qui on présente le collier.

Par le mélange des grains de différentes couleurs, on forme telle figure et tel caractère que l'on veut, ce qui sert souvent à distinguer les affaires dont il est question. On peint même quelquefois les grains. Du moins est-il certain qu'on envoie souvent des colliers rouges quand il s'agit de la guerre. Ces colliers se conservent avec soin, et non-seulement ils composent le trésor public, mais ils sont encore comme les registres et les annales que doivent étudier les personnes chargées des archives, lesquelles sont déposées dans la cabane du chef. Quand il y a dans un village deux chefs d'une autorité égale, ils gardent tour à tour le trésor et l'archive pendant une nuit; mais cette nuit, du moins à présent, est une année entière.

Il n'y a que les affaires de conséquence qui se traitent par

des co'liers ; pour les moins importantes, on se sert de branches de porcelaines, de peaux, de couvertures, de maïs en
grains ou en farine, et d'autres choses semblables, car il entre de tout cela dans le trésor public. Quand il s'agit d'inviter un village ou une nation à entrer dans une ligue, quelquefois, au lieu de collier, on envoie un pavillon teint de sang ;
mais cet usage est moderne, et il y a bien de l'apparence que
les sauvages en ont pris l'idée à la vue des pavillons blancs
des Français et des pavillons rouges des Anglais. On dit
même que nous nous en sommes servis les premiers avec
eux, et qu'ils ont imaginé d'ensanglanter les leurs, lorsqu'il
est question de déclarer la guerre.

Le calumet n'est pas moins sacré parmi ces peuples que le
collier de porcelaines ; il a même, si on les en croit, une origine céleste, car ils tiennent que c'est un présent que le soleil leur a fait. Il est plus en usage chez les nations méridio-
nales et occidentales que dans celles du nord et de l'est, et on
l'emploie plus souvent pour la paix que pour la guerre. Calumet est un mot normand qui veut dire chalumeau, et le calumet des sauvages est proprement le tuyau d'une pipe ; mais
on comprend sous ce nom la pipe même et son tuyau. Dans
les calumets de parade, le tuyau est fort long, et la pipe a la
figure de nos anciens marteaux d'armes. Elle est ordinairement faite d'une espèce de marbre rougeâtre fort aisé à tra-
vailler, et qui se trouve dans le pays des Ajouez, au-delà du
Mississipi. Le tuyau est d'un bois léger, peint de différentes
couleurs, et il est orné de têtes, de queues et de plumes des
plus beaux oiseaux, ce qui, selon toutes les apparences, n'est
qu'un pur ornement.

L'usage est de fumer dans le calumet quand on l'accepte, et il est peut-être sans exemple qu'on ait jamais violé l'engagement que l'on a pris par cette acceptation. Les sauvages sont du moins persuadés que le grand esprit n'en laisserait pas l'infraction impunie. Si, au mili u d'un combat, l'ennemi présente un calumet, il est permis de le refuser; mais si on le reçoit, il faut mettre sur-le-ch mp les armes bas. Il y a des calumets pour tous les d fférents traités. Dans le commerce, quand on est convenu de l'échange, on présente un calumet pour le cimenter, ce qui le rend en quelque sorte sacré. Quand il s'agit de la guerre, non-seulement le tuyau, mais les plumes même dont il est orné sont rouges ; quelquefoi elles ne le sont que d'un côté, et on prétend que, suivant la manière dont les plumes sont disposées, on reconnaît d'abord à quelle nation en veulent ceux qui les présentent.

On ne peut guère douter que les sauvages, en faisant fumer dans le calumet ceux dont ils recherchent l'alliance ou le commerce, n'aient intention de prendre le soleil pour témoin, en quelque façon, pour garant de leurs traités, car ils ne manquent jamais de pousser la fumée vers cet astre.

Il est rare que ces barbares refusent de s'engager dans une guerre quand ils y sont invités par leurs alliés. Ils n'ont pas même besoin, pour l'ordinaire, d'invitation pour prendre les armes; le moindre motif, un rien souvent les y détermine, la vengeance surtout. Ils ont toujours quelque injure ancienne ou nouvelle à venger, car le temps ne referme point ces sortes de plaies quelque légères qu'elles soient. Aussi ne doit-on jamais compter que la paix soit solidement établie entre deux nations qui ont été longtemps ennemies. D'aut.es parts, le désir de remplacer les morts par des prisonniers ou d'apaiser leurs ombres ; le caprice d'un particulier, un songe qu'on explique à sa façon, et d'autres raisons ou prétextes aussi frivoles, font qu'on voit souvent partir pour la guerre une troupe d'aventuriers qui ne songeaient à rien moins le jour précédent.

Il est vrai que ces petites expéditions, sans l'aveu du conseil, sont ordinairement sans conséquences ; et, comme elles ne demandaient pas de grands préparatifs, on y fait peu d'attention.. Mais, généralement parlant, on n'est pas trop fâché de voir la jeunesse s'exercer et se tenir en haleine, et il faudrait avoir de grandes raisons pour s'y opposer ; encore y emploie-t-on rarement l'autorité, parce que chacun est le maître de ses démarches. Mais on tâche d'intimider les uns par de faux bruits qu'on fait courir, on sollicite sous main les autres ; on engage par des présents les chefs à rompre la partie, ce qui est fort aisé, car il ne faut pour cela qu'un songe vrai ou prétendu. Dans quelques nations, la dernière ressource est de s'adresser aux matrones, et elle est presque toujours efficace ; mais on n'y a recours que quand l'affaire est d'une grande conséquence.

Une guerre qui intéresse toute la nation ne se conclut pas aisément. On en balance avec beaucoup de maturité les inconvénients et les avantages, et, tandis qu'on délibère, on apporte un très grand soin à écarter tout ce qui pourrait donner à l'ennemi le moindre sujet de soupçonner qu'on veut rompre avec lui. La guerre, une fois résolue, on pense d'abord aux provisions et à l'équipage des guerriers, et cela ne demande pas beaucoup de temps. Les danses, les chants, les festins, quelques cérémonies superstitieuses, qui varient beaucoup selon les différentes nations, en demandent bien davantage.

Celui qui doit commander ne songe point à lever des soldats, qu'il n'ait jeûné plusieurs jours, pendant lesquels il est barbouillé de noir, n'a presque point de conversation avec personne, invoque jour et nuit son esprit tutélaire, observe surtout avec soin ses songes. La persuasion où il est, suivant le génie présomptueux de ces barbares, qu'il va marcher à une victoire certaine, ne manque guère de lui causer des rêves selon ses désirs. Le jour défini, il assemble ses amis, et, un collier de porcelaine à la main, il leur parle en ces termes : « Mes frères, le grand esprit autorise mes sentiments, et m'a inspiré ce que je dois faire. Le sang d'un tel n'est point essuyé, son corps n'est point couvert, et je veux m'acquitter envers lui de ce devoir. » Il expose de même les autres motifs qui lui font prendre les armes. Puis il ajoute : » Je suis donc résolu d'aller en tel endroit lever des chevelures, ou faire des prisonniers, ou bien je veux manger tel ou tel nation. Si je péris dans cette glorieuse entreprise, ou si quelqu'un de ceux qui voudront bien m'accompagner, y perd la vie, ce collier servira pour nous recevoir, afin que nous ne demeurions pas couchés dans la poussière ou dans la boue, » c'est-à-dire, apparemment, qu'il sera pour celui qui aura soin d'ensevelir les morts.

En prononçant ces dernières paroles, il met le collier à terre, et celui qui le ramasse se déclare par là son lieutenant ; puis il le remercie du zèle qu'il témoigne pour venger son frère, ou pour soutenir l'honneur de la nation. On fait

ensuite chauffer de l'eau, on débarbouille le chef, on lui
arrange les cheveux et on les graisse, ou on les peint. On lui
met différentes couleurs au visage, et on l revêt de sa plus
belle robe. Ainsi paré, il chante d'une voix sourde sa chanson de mort; ses soldats, c'est-à-dire tous ceux qui se sont
offerts à l'accompagner (car on ne contraint personne) enton-
nent ensuite l'un après l'autre leurs chansons de guerre; car
chacun a la sienne, qu'il n'est permis à nul autre de chanter.
Il y en a aussi d'affectées à chaque famille.

Après ce préliminaire, qui se passe dans un lieu écarté, et
souvent dans une étuve, le chef va communiquer son projet
au conseil, lequel en délibère, sans jamais admettre à cette
délibération l'auteur de l'entreprise. Dès que son projet est
accepté, il fait un festin, dont le principal et quelquefois
l'unique mets doit être un chien. Quelques-uns prétendent
que cet animal est offert au Dieu de la guerre avant d'être
mis dans la chaudière, et peut-être qu'on le pratique ainsi
parmi quelques nations. Dans ce que je dirai dans cet arti-
cle, je ne garantis pas que tout soit d'un usage général parmi toutes les nations; mais il paraît certain que, dans l'occasion dont il s'agit ici, on fait quantité d'invocations à tous
les esprits bons et mauvais, et surtout au Dieu de la
guerre.

Tout cela dure plusieurs jours, ou plutôt se réitère plusieurs jours de suite; mais, quoique tout le monde semble
uniquement occupé de ces fêtes, chaque famille prend ses
mesures pour avoir sa part des prisonniers qu'on fera, afin
de réparer ses pertes ou de venger ses morts. Dans cette vue
on fait des présents au chef, qui, de son côté donne sa parole

et des gages. Au défaut des prisonniers, on demande des chevelures ; et cela est plus aisé à obtenir. En quelques endroits, comme chez les Iroquois, dès qu'une expédition militaire est résolue, on met sur le feu la chaudière de guerre, et on avertit ses alliés d'y apporter quelque chose, pour faire connaître qu'ils approuvent l'entreprise, et qu'ils y prendront part.

Tous ceux qui s'enrôlent donnent aussi au chef, pour signe de leur engagement, un morceau de bois avec leur marque, et quiconque, après cela retirerait sa parole, ne serait pas en sûreté de sa vie ; du moins il resterait déshonoré pour toujours. Le parti étant formé, le chef de guerre prépare un nouveau festin, où tout le village doit être invité, et avant qu'on ne touche à rien, il dit, ou un orateur pour lui en son nom : « Mes frères, je sais que je ne suis pas encore un homme ; mais vous n'ignorez pourtant pas que j'ai vu l'ennemi d'assez près. Nous avons été tués ; les os de tels et de tels sont encore découverts, ils crient contre nous, il faut les satisfaire. C'étaient des hommes ; comment avons-nous pu sitôt les oublier, et demeurer si longtemps tranquilles sur nos nattes ? Enfin, l'esprit qui s'intéresse à ma gloire, m'a inspiré de les venger. Jeunesse, prenez courage, rafraîchissez vos cheveux, peignez-vous le visage, remplissez vos carquois, faisons retentir nos forêts de chants militaires, désennuyons nos morts, et apprenons-leur qu'ils vont être vengés. »

Après ce discours, et les applaudissements dont il ne manque pas d'être suivi, le chef s'avance au milieu de l'assemblée, le casse-tête à la main, et chante ; tous ses soldats lui répondent en chantant, et jurent de le bien seconder, ou de

mourir à la peine. Tout cela est accompagné de gestes très
expressifs pour faire entendre qu'ils ne reculeront pas devant l'ennemi ; mais il est à remarquer qu'il n'échappe à aucun des soldats une expression qui dénote la moindre dépendance. Tout se réduit à promettre d'agir avec beaucoup d'u-
nion et de concert. D'ailleurs, l'engagement qu'ils prennent
exige de grands retours de la part des chefs. Par exemple, à
chaque fois que dans les danses publiques un sauvage, frap-
pant de sa hache un poteau dressé exprès, rappelle à l'assemblée ses plus belles actions, comme il arrive toujours, le chef
sous la conduite duquel il les a faites est obligé de lui faire
un présent, du moins parmi quelques nations.

Les chants sont suivis de danses ; quelquefois ce n'est
qu'une démarche fière, mais en cadence ; d'autrefois ce sont
des mouvements assez vifs, figurés et représentatifs des opérations d'une campagne, et toujours cadencés. Enfin le festin termine la cérémonie. Le chef de guerre n'en est que
spectateur, la pipe à la bouche ; c'est même assez l'ordinaire
dans tous les festins d'appareil, que celui qui en fait les honneurs ne touche à rien. Les jours suivants, et jusqu'au départ
des guerriers, il se passe bien des choses dont le récit n'a
rien d'intéressant, et qui ne sont pas même d'une pratique
uniforme et constante. Mais je ne dois pas oublier une coutume assez singulière, dont les Iroquois surtout ne se dispen-
sent jamais : elle paraît avoir été imaginée pour connaître
ceux qui ont l'esprit bien fait, et savent se commander à eux-
mêmes ; car ces peuples, que nous traitons de barbares, ne
conçoivent pas qu'on puisse avoir un véritable courage, si
l'on n'est pas maître de ses passions, et si on ne sait pas souffrir

ce qui peut arriver de plus sensible. Voici de quoi il s'agit :
Les plus anciens de la troupe militaire font aux jeunes
gens, principalement à ceux qui n'ont pas encore vu l'ennemi, toutes les avanies dont ils peuvent s'aviser. Ils leur jet-
tent des cendres chaudes sur la tête; ils leur font les repro-
ches les plus sanglants; ils les accablent d'injures, et pous-
sent ce jeu jusqu'aux plus grandes extrémités. Il faut endurer
tout cela avec une insensibilité parfaite, donner dans ces
occasions le moindre signe d'impatience, c'en serait assez
pour être jugé indigne de porter jamais les armes. Mais
quand cela se pratique entre gens du même âge, comme il
arrive assez souvent, il faut que l'agresseur soit bien assuré
de n'avoir rien sur son compte, sans quoi, le jeu fini, il serait
obligé de réparer l'insulte par un présent. Je dis le jeu fini,
car tout le temps qu'il dure, il faut souffrir sans se fâcher,
quoique le badinage aille souvent à se jeter des tisons de
feu à la tête et à se donner de grands coups de bâton.

Comme l'espérance de guérir de ses blessures, si on a le
malheur d'en recevoir, ne contribue pas peu à engager les
moins braves à s'exposer aux plus grands périls, après ce
que je viens de dire, on prépare les drogues, dont les jongleurs sont chargés. Toute la bourgade étant assemblée, un
de ces charlatans déclare qu'il va communiquer aux racines
et aux plantes, dont il a fait bonne provision, la vertu de
guérir toutes sortes de plaies et même de rendre la vie aux
morts. Aussitôt il se met à chanter; d'autres jongleurs lui
répondent, et l'on suppose que pendant le concert, qui ne
vous paraîtrait pas fort mélodieux, et qui est accompagné de
beaucoup de grimaces de la part des acteurs, la vertu médi-

cinàle se répand sur les drogues. Le principal jongleur les
éprouve ensuite; il commence par se faire saigner les lèvres;
il y applique son remède; le sang, que l'imposteur a soin de
sucer adroitement, cesse de couler, et on crie an miracle.
Après cela, il prend un animal mort; il laisse aux assistants
tout le loisir de bien s'assurer qu'il est sans vie; puis, par le
moyen d'une canule, qu'il lui a insérée sous la queue, il le
fait remuer, en lui soufflant des herbes dans la gueule, et les
cris d'admiration redoublent. Enfin toute la troupe des jongleurs fait le tour des cabanes, en chantant la vertu des remè-
des. Ces artifices, dans le fond, n'en imposent à personne;
mais ils amusent la multitude, et il faut suivre l'usage.

En voici un autre, qui est particulier aux Miamis, et peut-
être à quelques autres nations du voisinage de la Louisiane.
Je l'ai tiré des mémoires d'un Français qui en était témoin.
« Après un festin solennel, on plaça, dit-il, sur une espèce
d'autel, des figures de pagodes, faites avec des peaux d'ours,
dont la tête était peinte de couleur verte. Tous les sauvages
passèrent devant cet autel en faisant des génuflexions; et les
jongleurs conduisaient la bande, en tenant à la main un sac
où étaient renfermées toutes les choses dont ils ont coutume
de se servir dans leurs évocations. C'est à qui ferait plus de
contorsions, et, à mesure que quelqu'un s'y distinguait, on
l'applaudissait par de grands cris. Quand on eut ainsi rendu
ses premiers hommages aux idoles, tout le monde dansa avec
beaucoup de confusion, au son du tambour et du chichikoué,
et pendant ce temps-là les jongleurs faisaient semblant d'en-
sorceler divers sauvages, qui paraissaient expirer; puis, en

leur mettant d'une certaine poudre sur les lèvres, ils les faisaient revivre.

» Quand cette farce eut duré quelque temps, celui qui pré-
sidait à la fête, ayant à ses côtés deux hommes et deux femmes, parcourut toutes les cabanes, pour avertir que les
sacrifices allaient commencer. Lorsqu'il rencontrait quelqu'un en son chemin, il lui mettait les deux mains sur la
tête, et celui-ci embrassait ses genoux. Les victimes devaient
être des chiens, et l'on entendait de toutes parts les cris de ces
animaux qu'on égorgeait et les sauvages, qui hurlaient de
toutes leurs forces, semblaient leur faire paroli. Dès que les
viandes furent cuites, on les offrit aux pagodes, puis on les
mangea, et on brûla les os. Cependant les jongleurs ne cessaient point de ressusciter de prétendus morts, et le tout finit
par la distribution qui fut faite, à ces charlatants, de tout
ce qui se trouva le plus à leur bienséance dans toute la
bourgade. »

Depuis la résolution prise de faire la guerre, jusqu'au
départ des guerriers, toutes les nuits on chante, et les jours
se passent à faire les préparatifs. On députe des guerriers
pour aller chanter la guerre chez les voisins et les alliés,
qu'on a souvent eu soin de disposer par des négociations
secrètes. Si la marche doit se faire par eau, on construit ou
l'on répare les canots ; si c'est en hiver, on se fournit de
raquettes et de traînes. Les raquettes, dont il faut nécessai-
rement se servir pour marcher sur la neige, ont environ
trois pieds de long et quinze ou seize pouces dans leur plus
grande largeur ; leur figure est ovale, à cela près que l'extrémité de derrière se termine en pointe ; de petits bâtons de

traversé, passés à cinq ou six pouces des deux bouts, servent à les rendre plus fermes, et celui qui est sur le devant est comme la corde d'une ouverture en arc, où l'on met le pied, qu'on y assujettit avec des courroies. Le tissu de la raquette est en lanières de cuir, de la largeur de deux lignes, et le contour d'un bois léger durci au feu. Pour bien marcher sur ces raquettes, il faut tourner un peu les genoux en dedans et tenir les jambes écartées. Il en coûte d'abord pour s'y accoutumer; mais, quand on y est fait, on marche avec facilité et sans se fatiguer plus que si on n'avait rien aux pieds. Il n'est pas possible d'user de ces raquettes avec nos souliers ordinaires; il faut prendre ceux des sauvages, qui sont des espèces de chaussons de peaux boucanées, plissés en dessus de l'extrémité du pied et liés avec des cordons.

Les traînes, qui servent à porter les bagages et au besoin les malades et les blessés, sont deux petites planches fort minces, de la largeur d'un demi-pied chacune sur six ou sept de long. Les devants sont un peu relevés, et les côtés sont bordés de petites bandes, où l'on attache des courroies pour assujettir ce qui est sur la traîne. Quelque chargées que soient ces voitures, un sauvage peut les tirer sans peine, à l'aide d'une longue bande de cuir, qu'il fait passer sur sa poitrine, et qu'on appelle collier. On en use ainsi pour porter des fardeaux; et les mères s'en servent pour porter leurs enfants avec leurs berceaux, mais alors c'est sur le front et non sur la poitrine qu'ils sont appuyés.

Tout étant prêt et le jour du départ venu, les adieux se font avec de grandes démonstrations d'une véritable tendresse. Chacun veut avoir quelque chose qui ait été à l'usage des

guerriers et leur donne des gages de son amitié et des assu-
rances d'un souvenir éternel. Ils n'entrent dans presqu'aucune cabane qu'on ne leur prenne leur robe, pour leur en
donner une autre meilleure ou du moins aussi bonne. Enfin
tous se rendent chez le chef. Ils le trouvent armé comme le
premier jour qu'il leur a parlé, et comme il a toujours paru
en public depuis ce temps-là. Eux-mêmes se sont peints le
visage, chacun suivant son caprice, et tous ordinairement
de manière à faire peur. Le chef leur fait une courte harangue; puis il sort de la cabane, en chantant sa chanson de
mort. Tous le suivent à la file, gardant un profond silence ; et
la même chose se pratique tous les matins, quand on se remet
en marche. Ici les femmes prennent les devants avec les provisions, et quand les guerriers les ont jointes, ils leur remet-
tent en main toutes leurs hardes, restent presque nus autant
que la saison néanmoins peut le permettre.

Autrefois, les armes de ces peuples étaient l'arc, la flèche
et une espèce de javelot, garnis de pointes d'os et travaillés
de différentes manières, et le casse-tête. Cette dernière arme
était une petite massue, d'un bois très dur, dont la tête, de
figure ronde, avait un côté tranchant. La plupart n'avaient
aucune arme défensive ; mais, lorsqu'ils attaquent un retranchement, ils se couvrent tout le corps de petites planches
légères ; quelques-uns ont une espèce de cuirasse, faite d'un
tissu de jonc ou de petites baguettes pliantes, assez proprement travaillées. Ils avaient même des cuissards et des bras-
sards de même matière; mais cette armure ne s'est point
trouvée à l'épreuve des armes à feu, ils y ont renoncé et
n'ont rien mis à la place. Les sauvages occidentaux se ser-

vent toujours de boucliers de peaux de bœuf, qui sont fort légères et que les balles de fusil ne percent pas. Il est assez étonnant que les autres nations n'en usent point.

Quand ils font usage de nos épées, ce qui est très-rare, ils s'en servent comme d'espontons, mais, quand ils peuvent avoir des fusils, de la poudre et du plomb, ils laissent là leurs flèches, et tirent très-juste. On n'est pas à se repentir de leur en avoir donné; mais ce n'est pas nous qui avons commencé ; les Iroquois en ayant reçu des Hollandais, alors possesseurs de la Nouvelle-Yorck, c'était pour nous une nécessité d'en faire prendre à nos alliés. Ils ont des espèces d'enseignes pour se reconnaître et se rallier ; ce sont des petits morceaux d'écorce, coupés en rond, qu'ils mettent au bout d'une perche, et sur lesquels ils ont tracé la marque de leur nation ou de leur village. Si le parti est nombreux, chaque famille ou tribu a son enseigne avec sa marque distinctive. Les armes sont aussi ornées de différentes figures, et quelquefois de la marque particulière du chef de l'expédition.

Mais ce que l'on oublierait encore moins que les armes, et ce que l'on conserve avec le plus grand soin dont les sauvages soient capables, ce sont les manitous, qui sont les symboles sous lesquels chacun se représente son dieu familier. On les met tous dans un sac fait de joncs, peint de différentes couleurs. Souvent, pour faire honneur au chef, on place ce sac sur le devant de son canot. S'il y a trop de manitous pour tenir dans un seul sac, on les distribue dans plusieurs, qui sont confiés à la garde du lieutenant et des anciens de chaque famille. Alors on y joint les présents qui ont été faits pour avoir des prisonniers, avec les langues de tous les animaux qu'on a tués pendant la campagne, et dont on doit faire, au retour, un sacrifice aux esprits.

Dans les marches par terre, le chef porte lui-même son sac, qu'on appelle sa natte; mais il peut se décharger de ce fardeau sur qui bon lui semble, il ne doit pas craindre que personne refuse de le soulager, parce qu'on y a attaché une distinction : c'est comme un droit de survivance pour le commandement, au cas où le chef et son lieutenant meurent pendant la campagne.

Dès que tous les guerriers sont embarqués, les canots s'éloignent d'abord un peu, et se tiennent fort serrés sur une seule ligne; ensuite le chef, tenant en main son chi-chikoué, se lève et entonne son chant de guerre, ses soldats lui répondent par un triple *Hé!* tiré avec effort du creux de la poitrine. Les anciens et les chefs du conseil, qui sont restés sur le rivage, exhortent alors les guerriers à bien faire leur devoir, et surtout à ne pas se laisser surprendre. C'est de tous les avis qu'on peut donner aux sauvages le plus nécessaire, et celui dont, pour l'ordinaire, ils profitent le moins. Cette exhortation n'interrompt point le chef, qui chante toujours. Enfin, les guerriers conjurent leurs parents et leurs amis de ne les point oublier; puis, poussant tous ensemble des hurlements affreux, ils partent sur un signe de la main du chef, et nagent avec une telle vitesse, qu'on les voit disparaître dans l'instant.

Les Hurons et les Iroquois ne se servent point du chichi-koué, mais ils en donnent à leurs prisonniers, de sorte que cet instrument de guerre semble être parmi eux une marque d'esclavage. Les guerriers ne font presque jamais que de petites journées, surtout quand ils sont en grande troupe. D'ailleurs, ils tirent des présages de tout; et les jongleurs, à qui il appartient de les expliquer, avancent et retardent les marches comme il leur plaît. Tant qu'on est point en pays suspect, on ne prend aucune précaution, et souvent on ne trouverait pas deux guerriers ensemble, chacun étant de son côté à chasser; mais, quelqu'éloigné que l'on soit de la route, tous se rendent ponctuellement au lieu et à l'heure marqués pour se réunir.

On campe longtemps avant le soleil couché, et, pour l'ordinaire, on laisse devant le camp un grand espace, environné d'une palissade ou plutôt d'une espèce de treillis sur lequel on place les manitous, tournés du côté où l'on veut aller. On les y invoque pendant une heure, et on en fait autant tous les matins, avant de décamper. Après cela, on croit n'avoir rien à craindre; on suppose que les esprits se chargent de faire seuls la sentinelle, et toute l'armée dort tranquillement sous leur sauve-garde. L'expérience ne détrompent point ces barbares, et ne les tire point de leur confiance présomptueuse. Elle a sa source dans une indolence et dans une paresse que rien ne peut vaincre.

Tout est ennemi sur le chemin des guerriers. Si néanmoins ils rencontrent de leurs alliés, ou des partis à peu près de force égale de gens avec qui ils n'ont rien à démêler, on se fait amitié de part et d'autre. Si les alliés qu'on rencontre étaient en guerre contre les mêmes ennemis, le chef du parti le plus fort, ou de celui qui a armé le premier, donne à l'autre quelques chevelures, dont on ne manque jamais de faire provision pour ces occasions-là, et lui dit

« Vous avez coup ici, c'est-à-dire vous avez satisfait à votre engagement, votre honneur est à couvert, vous pouvez vous en retourner. » Mais cela s'entend lorsque la rencontre est fortuite, qu'on ne s'est pas donné le mot, et qu'on n'a pas besoin de renfort.

Quand on est sur le point d'entrer dans le pays ennemi, on s'arrête pour une cérémonie qui a quelque chose d'assez singulier. Le soir, on fait un grand festin, après lequel on s'endort. Dès que tous sont éveillés, ceux qui ont eu des rêves vont de feu en feu, chantant leur chanson de mort, dans laquelle ils font entrer leurs songes d'une manière énigmatique. Chacun se met l'esprit à la torture pour les deviner, et, si personne n'en peut venir à bout, il est permis à ceux qui ont rêvé de s'en retourner chez eux. Voilà qui donne beau jeu aux poltrons. On fait ensuite de nouvelles invocations aux esprits, on s'anime plus que jamais à faire merveille; on jure de se secourir mutuellement; enfin on se remet en marche; et, si on est venu jusque-là par eau, on quitte ses canots, qu'on a grand besoin de bien cacher. Si tout ce qui est prescrit dans ces occasions s'observait exactement, il serait difficile de surprendre un parti de guerre qui est entré dans le pays ennemi. On ne doit plus faire de feu, plus de cris, plus de chasse; il ne faut plus même se parler que par signes. Mais ces lois sont mal gardées. Tout sauvage est né présomptueux, et incapable de se gêner le moins du monde. On ne néglige pourtant guère d'envoyer tous les soirs des coureurs, qui emploient deux ou trois heures à aller de côté et d'autre. S'ils n'ont rien vu, on s'endort tranquillement, et on abandonne encore la garde du camp aux manitous.

Dès qu'on a découvert l'ennemi, on envoie le reconnaître, et, sur le rapport de ceux qu'on a envoyés, on tient conseil. L'attaque se fait ordinairement au point du jour. C'est le temps où l'on suppose que l'ennemi est dans son plus profond sommeil, et toute la nuit on se tient couché sur le ventre sans remuer. Les approches se font dans la même posture, en se traînant sur ses pieds et sur ses mains jusqu'à la portée du trait. Alors tous se lèvent, le chef donne le signal par un petit cri, auquel toute la troupe répond par de vrais hurlements, et fait en même temps sa première décharge; puis, sans laisser à l'ennemi le temps de se reconnaître, elle fond sur lui le casse-tête à la main. Depuis qu'aux casse-tête en bois ces peuples ont substitué de petites haches, auxquelles ils ont donné le même nom, les mêlées sont sanglantes. Le combat fini, on lève les chevelures des morts et des mourants, et on ne songe à faire des prisonniers que quand l'ennemi ne fait plus aucune résistance.

Mais si on l'a trouvé sur ses gardes, ou trop bien retranché, on se retire, pourvu qu'il en soit encore temps, sinon, on prend résolument le parti de bien se battre, et il y a quelquefois beaucoup de sang répandu de part et d'autre. Un camp forcé est l'image de la fureur même; la férocité barbare des vainqueurs, et le désespoir des vaincus, qui savent à quoi ils doivent s'attendre s'ils tombent vifs entre les mains de leurs ennemis, font faire aux uns et aux autres des efforts qui passent tout ce qu'on peut en dire. La figure des combattants tout barbouillés de noir et de rouge, augmente encore l'horreur du combat, et l'on ferait sur ce modèle un portrait bien naturel de l'enfer. Quand la victoire n'est plus douteuse, les victorieux se défont d'abord de tous ceux qu'ils auraient trop de peine à emmener, et ne cherchent plus qu'à lasser les autres, dont ils veulent faire des prisonniers.

Les sauvages sont naturellement intrépides, et, malgré leur férocité brutale, ils conservent toujours dans l'action même beaucoup de sang-froid. Cependant ils ne se mêlent et ne combattent en rase campagne que quand ils ne peuvent l'éviter. Leur raison est qu'une victoire teinte du sang des vainqueurs n'est pas proprement une victoire, et que la gloire du chef consiste principalement à ramener tout son monde sain et sauf. J'ai ouï dire que quand deux ennemis se rencontrent dans le combat, il se fait entre eux des dialogues assez semblables à ceux des héros d'Homère. Je ne crois pas que cela arrive dans le fort de la mêlée; mais il se peut faire que dans de petites rencontres, ou bien avant de passer un ruisseau, ou de forcer un retranchement, on se dise quelques mots pour se défier, ou pour se rappeler quelqu'autre rencontre semblable.

La guerre se fait presque toujours par surprise, et elle réussit assez ordinairement, car autant les sauvages sont accoutumés à négliger les précautions nécessaires pour n'être point surpris, autant sont-ils alertes et habiles pour surprendre. D'ailleurs ces peuples ont un talent admirable, je dirais volontiers un instinct, pour connaître si l'on a passé en quelque endroit sur les herbes les plus courtes, sur la terre la plus dure, sur les pierres mêmes, ils découvrent des traces; et par la façon dont elles sont tournées, par la figure des pieds, par la manière dont ils sont écartés, ils distinguent, dit-on, les vestiges des nations différentes, et ceux des hommes d'avec ceux des femmes. J'ai longtemps cru qu'il y avait de l'exagération dans ce qu'on racontait, mais le rapport de tous ceux qui ont vécu avec les sauvages est si unanime sur cela que je ne vois aucun lieu d'en soupçonner la sincérité. Si parmi les prisonniers il s'en trouve que leurs blessures mettent hors d'état d'être transportés, on les brûle d'abord, et comme cela se fait dans le premier emportement, et qu'on est souvent pressé de faire retraite, ils en sont pour la plupart quittes à meilleur marché que les autres, qu'on réserve à un supplice plus lent.

L'usage est parmi quelques nations que le chef du parti vainqueur laisse sur le champs de bataille son casse tête, sur lequel il a eu soin de tracer la marque de sa nation, celle de sa famille, et son portrait, c'est-à dire un ovale, avec toutes les figures qu'il a au visage. D'autres peignent toutes ces marques sur le tronc d'un arbre, ou sur une écorce, avec du charbon pilé et broyé, mêlé de quelques couleurs. On y ajoute des caractères hiéroglyphiques, par le moyen desquels les passants peuvent apprendre jusqu'aux moindres circonstances, non-seulement de l'action, mais encore de tout ce qui s'est passé pendant la campagne. On y reconnaît le chef du parti par toutes les marques dont je viens de parler; celui des soldats, par des signes; celui des prisonniers qu'il emmène, par de petits marmouzets qui portent un baton ou un chichikoué; celui des morts, par des figures humaines sans tête, avec des différences qui font distinguer les hommes, les femmes et les enfants. Mais ce n'est pas toujours si près du lieu où s'est passée l'action qu'on trouve ces écriteaux ; car, quand un parti craint d'être poursuivi, il les pousse hors de sa route, afin de dépayser ceux qui les cherchent.

Jusqu'à ce que les vainqueurs soient en pays de sûreté, ils font assez de diligence, et, de crainte que les blessés ne les retardent dans leur retraite, ils les portent tour à tour sur des brancarts, ou ils les tirent sur traîne, si on est en hiver. En rentrant dans leurs canots, ils font chanter leurs prisonniers, et la même chose se pratique chaque fois qu'ils rencontrent de leurs alliés ; honneur qui coûte un festin à ceux qui les reçoivent, et quelque chose de plus que la peine de chanter, aux malheureux captifs : car on invite les alliés à les caresser, et caresser un prisonnier, c'est lui faire tout le mal dont on peut s'aviser, ou le mutiler de manière qu'il en demeure estropié. Il y a pourtant des chefs qui ménagent assez ces misérables, et ne souffrent pas qu'on les maltraite trop. Mais rien n'égale l'attention avec laquelle on les garde. Le jour ils sont liés par le cou et par les bras à une des barres du canot. Quand on va par terre, il y a toujours quelqu'un qui les tient, et la nuit ils sont étendus à terre tout nus, des cordes attachées à des crochets plantés en terre leur tiennent les jambes, les bras et le cou si serrés qu'ils ne sauraient remuer, et de longues cordes serrent encore les mains et les pieds de telle façon qu'ils ne peuvent faire le moindre mouvement sans éveiller les sauvages qui sont couchés sur des cordes.

Quand les guerriers sont arrivés à une certaine distance

7..

du village d'où ils étaient partis, ils s'arrêtent, et le chef y
envoie donner avis qu'il est proche. Parmi quelques nations,
dès que l'envoyé est à portée d'être entendu, il fait différents
cris qui donnent une idée générale des principales aventures et du succès de la campagne. Il marque d'abord le
nombre des hommes qu'on y a perdus, par autant de cris
de mort. Aussitôt les jeunes gens se détachent pour avoir
des connaissances plus circonstanciées; souvent même tout
le village y court; mais un seul homme aborde l'envoyé,
apprend de lui tout le détail des nouvelles dont il est porteur.
A mesure que celui-ci lui raconte un fait, il le répète tout
haut en se tournant vers ceux qui l'ont accompagné, et ils
lui répondent par des acclamations ou par des cris lugubres,
suivant que la nouvelle est funeste ou agréable

L'envoyé est ensuite conduit dans une cabane, où les
anciens lui font les mêmes questions qu'on lui a déjà faites;
après quoi un crieur public invite toute la jeunesse à aller
à la rencontre des guerriers, et les femmes à leurs porter
des rafraîchissements. Ailleurs, on ne songe d'abord qu'à
pleurer ceux qu'on a perdus. L'envoyé ne fait que des cris
de mort. On ne va point au-devant de lui; mais, à son entrée
dans le village, il trouve tout le monde assemblé, raconte
en peu de mots tout ce qui s'est passé, puis se retire dans
sa cabane, où on lui porte à manger; et pendant quelque
temps on n'est occupé qu'à pleurer les morts.

Ce terme expiré, on fait un autre cri pour annoncer la
victoire. Alors chacun essuie ses larmes, et il n'est plus
question que de se réjouir. Quelque chose d'assez semblable
se pratique au retour des chasseurs : les femmes qui sont

démeurées au village vont au-devant doux dès qu'elles sont
averties qu'ils approchent; et, avant de s'informer du succès
de la chasse, elles leur annoncent, par leurs larmes, les
morts qui sont arrivés depuis leur départ. Pour revenir aux
guerriers, le moment où les femmes les joignent est, à
proprement parler, le commencement du supplice des prisonniers. Aussi, lorsque quelques-uns ont d'abord été
destinés à être adoptés, ce qu'il n'est pas permis de faire
chez toutes les nations, leurs futurs parents, qu'on a soin
d'avertir, vont les prendre un peu plus loin, et les condui-
sent à leurs cabanes par des chemins détournés. Pour l'ordinaire, ils ignorent longtemps quel doit être leur sort.

Pour les prisonniers qui sont destinés à la mort, et ceux
dont le sort n'est point encore décidé, sont abandonnés à la
fureur des femmes qui vont au-devant des guerriers, et il
est étonnant qu'ils résistent à tous les maux qu'elles leur
font souffrir. Si quelqu'une surtout a perdu à la guerre, ou
son fils, ou son mari, ou quelqu'autre personne qui lui était
chère, y eût-il trente ans passés qu'elle eût fait cette perte,
c'est une furie qui s'attache au premier qui lui tombe sous
la main, et l'on n'imaginerait pas jusqu'où sa rage l'emporte.
Elle n'a égard ni à l'humanité ni à la pudeur, et, à chaque
coup qu'elle lui porte, on croirait qu'il va tomber mort à
ses pieds, si on ne savait combien ces barbares sont ingé-
nieux à prolonger les supplices les plus inouïs. Toute la
nuit se passe de la sorte au campement des guerriers.

Le lendemain est le jour du triomphe des vainqueurs. Les
Iroquois et quelques autres affectent une grande modestie
et un peu plus grand désintéressement encore dans ces ren-

contres. Les chefs entrent d'abord seuls dans le village,
sans aucune marque de victoire, gardant un profond silence,
et se retirent dans leurs cabanes, sans témoigner avoir la
moindre prétention sur les prisonniers. Chez d'autres
nations, il n'en est pas de même : le chef marche à la tête
de sa troupe avec un air de conquérant; son lieutenant
vient après lui, et il est précédé d'un crieur chargé de
recommencer les cris de mort. Les guerriers suivent deux à
deux, les prisonniers au milieu, couronnés de fleurs, le
visage et les cheveux peints, tenant un bâton d'une main et
le chichikoué de l'autre, le corps presque nu, les bras liés au
dessus du coude avec une corde, dont les guerriers tiennent
les bouts, et chantent sans cesse leur chanson de mort au
son du chichikoué.

Ce chant a quelque chose de lugubre et de fier tout ensemble, et le captif n'a point du tout l'air d'un homme qui souffre et d'un vaincu. Voici à peu près le sens de ces chansons :

« Je suis brave et intrépide, je ne crains point la mort ni
aucun genre de torture; ceux qui les redoutent sont des lâ-
ches, ils sont moins que des femmes; la vie n'est rien pour
quiconque a du courage. Que le désespoir et la rage étouffent
tous mes ennemis; que ne puis-je les dévorer et boire leur
sang jusqu'à la dernière goutte! »

De temps en temps on les arrête, on s'attroupe autour
d'eux, on danse et on les fait danser. Ils paraissent le faire
de bon cœur, ils racontent les plus belles actions de leur vie;
ils nomment tous ceux qu'ils ont tués ou brûlés. Ils font
surtout remarquer ceux auxquels les assistants doivent plus

s'intéresser; on dirait qu'ils ne cherchent qu'à animer de plus en plus contre eux les arbitres de leur sort. Ces bravades, en effet, font entrer en fureur tous ceux qui les entendent, et leur vanité leur coûte cher. Mais de la manière qu'ils reçoivent les plus durs traitements on dirait que c'est leur faire plaisir que de les tourmenter.

Quelquefois on les oblige de courir entre deux rangées de sauvages armés de pierres et de bâtons, et qui tombent sur eux, comme si on voulait les assommer du premier coup. Il n'arrive pourtant jamais qu'ils y succombent, tant on observe, lors même qu'il semble qu'on frappe à l'aveugle, et que la seule fureur conduit le bras, de ne point toucher aux endroits où il y aurait du risque pour la vie. Dans cette marche, chacun a droit de les arrêter; il leur est aussi permis de se défendre, mais ils ne seraient pas les plus forts. Dès qu'ils sont arrivés au village, on les conduit de cabane en cabane, et partout on leur fait payer leur bien-venue. Ici, on leur arrache un ongle, là on leur coupe un doigt, ou avec les dents, ou avec un mauvais couteau dont on se sert comme d'une scie. Un vieillard leur déchire la chair jusqu'aux os; un enfant avec une alêne les perce où il peut; une femme les fouette impitoyablement jusqu'à ce que les bras lui tombent de lassitude; mais aucun des guerriers ne met la main sur eux, quoiqu'ils soient encore leurs maîtres. On ne peut même les mutiler sans leur permission, qu'ils accordent rarement; à cela près, on a toute liberté de les faire souffrir; et, si on les promène dans plusieurs villages, soit de la même nation, soit de ses voisins ou de ses alliés, qui l'ont souhaité, partout ils sont reçus de même.

Après ces préludes, on travaille à la répartition des captifs, et leur sort dépend de ceux à qui ils sont livrés. Au sortir du conseil, on a délibéré sur leur sort ; un crieur invite tout le monde à se trouver sur la place, où la distribution se fait sans contestation et sans bruit. Les femmes qui ont perdu leurs enfants ou leurs maris à la guerre sont ordinairement partagées les premières. On satisfait ensuite aux engagements pris avec ceux dont on a reçu des colliers ; s'il ne se trouve pas assez de captifs pour tout cela, on y supplée par des chevelures, dont ceux à qui on les donne se parent aux jours de réjouissance. Le reste du temps elles demeurent suspendues à la porte de la cabane. Si, au contraire, le nombre des prisonniers excède celui des prétendants, on envoie le surplus aux villages des alliés. D'ailleurs, un chef ne se remplace que par un chef, ou par deux ou trois autres esclaves, qui sont toujours brûlés, quand bien même ceux qu'ils remplaceraient seraient morts de maladie. Les Iroquois ne manquent jamais de destiner quelques prisonniers pour le public, et alors le conseil en dispose comme il le juge à propos. Mais les mères de famille peuvent encore casser leur sentence, et sont maîtresses de la vie et de la mort de ceux mêmes qui avaient été condamnés ou absous par le conseil.

Dans quelques nations, les guerriers ne se dépouillent pas entièrement du droit de disposer des captifs ; et ceux en faveur desquels le conseil en avait disposé sont obligés de les remettre entre leurs mains, s'ils l'exigent ; mais ils le font rarement, et, lorsqu'ils le font, ils sont obligés de rendre les gages qu'ils avaient reçus de ceux à qui on les avait donnés ; .

si, en arrivant, ils ont déclaré leurs intentions à ce sujet, on ne s'y oppose pas, pour l'ordinaire. En général, le plus grand nombre des prisonniers de guerre est condamné à mort, ou à un esclavage bien dur, et qui ne les assure jamais de la vie. Quelques-uns sont adoptés, et dès lors leur condition ne diffère plus de celle des enfants de la nation : ils entrent dans tous les droits de ceux dont ils occupent la place ; et souvent ils prennent tellement l'esprit de la nation dont ils sont devenus membres, qu'ils ne font nulle difficulté d'aller en guerre contre leurs propres compatriotes. Les Iroquois ne se sont guère soutenus jusqu'ici que par cette politique ; toujours en guerre depuis un temps infini contre toutes les nations, ils seraient aujourd'hui presque réduits à rien, s'ils n'avaient eu l'attention de naturaliser une bonne partie de leurs prisonniers de guerre.

Il arrive quelquefois qu'au lieu d'envoyer dans d'autres villages l'excédant des captifs, on en donne à des particuliers qui n'en avaient pas demandé ; et pour lors, ou bien ils n'en sont pas tellement les maîtres qu'ils ne soient tenus de consulter les chefs du conseil pour savoir ce qu'ils en feront, ou bien on les oblige de les adopter. Dans le premier cas, celui à qui on fait présent d'un esclave l'envoie chercher par quelqu'un de sa famille ; il le fait ensuite attacher à la porte de sa cabane, puis il assemble les chefs du conseil, à qui il déclare quelle est son intention, et demande leur avis. Pour l'ordinaire, cet avis est conforme à ce qu'il désire. Dans le second cas, le conseil, en remettant le prisonnier à celui à qui on l'a destiné, lui dit :

« Il y a longtemps que nous sommes privés d'un tel, ton

parent, ou ton ami, et qui était le soutien de notre village ; ou bien, nous regrettons l'esprit d'un tel, que tu as perdu, et qui par sa sagesse maintenait la tranquillité publique. Il faut qu'il reparaisse aujourd'hui ; il nous était trop cher et trop précieux pour différer davantage à le faire vivre ; nous le remettons sur sa natte en la personne de ce prisonnier. »

Il y a néanmoins des particuliers plus considérés apparemment que les autres, à qui on fait présent d'un captif sans aucune condition, et avec une pleine liberté d'en faire ce qu'ils jugeront à propos ; et le conseil alors s'exprime en ces termes, en le remettant entre leurs mains :

« Voici de quoi réparer la perte d'un tel, et nettoyer le cœur de son père, de sa mère, de sa femme et de ses enfants ; soit que tu veuilles leur faire boire du bouillon de cette chair, ou que tu aimes mieux remettre le défunt sur sa natte en la personne de ce captif, tu peux en disposer à ton gré. »

Dès qu'un prisonnier est adopté, on le conduit à la cabane où il doit être, et on commence par lui ôter ses liens. On fait ensuite chauffer de l'eau pour le laver, on panse ses plaies, s'il en a ; et, fussent-elles toutes pleines de vers, il est bientôt guéri. On n'omet rien pour lui faire oublier les maux qu'il a soufferts, on lui donne à manger, on l'habille proprement. En un mot, on ne ferait pas plus pour l'enfant de la maison, ni pour celui qui ressuscite, c'est ainsi qu'on s'exprime. Quelques jours après, on fait un festin, pendant lequel on lui donne solennellement le nom de celui qu'il remplace, et dont il a dès lors tous les droits, et contracte toutes les obligations.

Parmi les Hurons et les Iroquois, ceux qui sont destinés au feu, quelquefois ne sont pas moins bien traités d'abord, et même jusqu'au moment de l'exécution, que ceux qui ont été adoptés. Il semble que ce soit des victimes qu'on engraisse pour le sacrifice, et ils sont effectivement immolés au Dieu de la guerre. La seule différence qu'on met entre eux et les autres, c'est qu'on leur noircit entièrement le visage. A cela près, on leur fait la meilleure chère qu'il est possible. On ne leur parle qu'avec amitié; on leur donne le nom de fils, de frères ou de neveux, suivant la personne dont ils doivent, par leur mort, apaiser les mânes. Mais, lorsqu'ils sont instruits de leur sort, il faut bien les garder, si on ne veut pas qu'ils s'échappent. Aussi, le leur cache-t-on souvent.

Quand ils ont été livrés à une femme, au moment qu'on l'avertit que tout est prêt pour l'exécution, ce n'est plus une mère, c'est une furie, qui passe des plus tendres caresses aux derniers excès de la rage. Elle commence par invoquer l'ombre de celui qu'elle veut venger.

« Approche, lui dit-elle, tu vas être apaisée; je te prépare un festin; bois à longs traits de ce bouillon qui va être versé pour toi; reçois le sacrifice que je te fais, en immolant ce guerrier, il sera brûlé et mis dans la chaudière; on lui appliquera les haches ardentes; on lui enlèvera la chevelure; on boira dans son crâne; ne fais donc plus de plaintes, tu seras parfaitement satisfaite. »

Cette formule, qui est proprement la sentence de mort, varie beaucoup pour les termes; mais, quant à la substance, elle est à peu près toujours la même. Un crieur fait ensuite sortir le captif de la cabane, déclare à haute voix les intentions de celui ou de celle à qui il appartient, et finit par exhorter les jeunes gens à bien faire. Un autre survient qui adresse la parole au patient et lui dit :

« Mon frère, prends courage, tu vas être brûlé ! » Et il répond froidement : « Cela est bien, je te remercie. »

Il se fait aussitôt un cri dans tout le village, et le prisonnier est conduit au lieu destiné à son supplice.

Ordinairement on le lie à un poteau par les deux mains et par les pieds, mais de manière qu'il puisse aisément tourner tout autour. Quelquefois, néanmoins, quand l'exécution se fait dans une cabane d'où il n'y a pas de danger qu'il se sauve, on ne le lie point, et on le laisse courir d'un bout à l'autre. Avant que l'on commence à le brûler, il chante pour la dernière fois sa chanson de mort, puis il fait le récit de ses prouesses, et presque toujours de la manière la plus insultante pour ceux qu'il aperçoit autour de lui. Il les exhorte ensuite à ne pas l'épargner, et à se souvenir qu'il est homme et guerrier.

Il ne faut pas trop s'étonner, dans ces scènes tragiques et barbares, qu'un patient chante à pleine tête, qu'il insulte et défie ses bourreaux, comme ils font ordinairement tous jusqu'au dernier soupir ; car il y a là une fierté qui élève l'esprit, qui le transporte, qui le distrait un peu de la pensée de ce qu'il souffre, et qui l'empêche même de marquer trop de sensibilité. D'ailleurs, les mouvements qu'ils se donnent font diversion, émoussent le sentiment, produisent le même effet et quelque chose de plus que les cris et les larmes. Enfin, on sait qu'il n'y a point de grâce à espérer, et le désespoir donne des forces et inspire de la hardiesse.

Cette espèce d'insensibilité n'est pourtant pas aussi universelle que bien des gens l'ont cru. Il n'est point rare de voir pousser à ces misérables des cris capables de percer les cœurs les plus durs, mais qui n'ont d'autre effet que de réjouir les acteurs et les assistants. Quant à ce qui produit dans les sauvages une inhumanité dont on n'aurait jamais cru que les hommes fussent capables, je crois qu'ils y sont parvenus par degrés, que l'usage les y a accoutumés insensiblement; que l'envie de voir faire une lâcheté à son ennemi, les insultes que les patients ne cessent point de faire à leurs bourreaux, le désir de la vengeance, qui est la passion dominante de ces peuples, et qu'ils ne croient pas suffisamment assouvie, tandis que le courage de ceux qui en sont l'objet n'est point abattu; la superstition, enfin, y entre pour beaucoup : car quels excès n'enfante point un faux zèle guidé par tant de passions!

Je ne ferai point le détail de tout ce qui se passe dans ces horribles exécutions. Il me pousserait trop loin, parce qu'il n'y a point sur cela d'uniformité, ni d'autres règles que la férocité et le caprice. Souvent on y voit autant d'acteurs que de spectateurs, c'est-à-dire que d'habitants de la bourgade, hommes, femmes et enfants; et chacun fait du pis qu'il peut. Il n'y a que ceux de la cabane à laquelle le prisonnier avait été livré qui s'abstiennent de le tourmenter; au moins est-ce la pratique de plusieurs nations. Communément, on commence par brûler les pieds, puis les jambes, et ainsi en remontant jusqu'à la tête; et quelquefois on fait durer le supplice une semaine entière, comme il est arrivé à un gentilhomme canadien parmi les Iroquois.

Les moins épargnés sont ceux qui, ayant déjà été pris et adoptés ou mis en liberté, sont repris de nouveau. On les regarde comme des enfants dénaturés ou des ingrats qui ont fait la guerre à leurs parents ou à leurs bienfaiteurs ; et on ne leur fait aucune grâce. Il arrive quelquefois que le patient, lors même qu'il n'est point exécuté dans une cabane, n'est point lié, et qu'il lui est permis de se défendre ; ce qu'il fait, bien moins dans l'espérance de sauver sa vie, que pour venger par avance sa mort, et pour avoir la gloire de mourir en brave !

Cependant, si ces peuples font la guerre en barbares, il faut convenir que, dans leurs traités de paix, et généralement dans toutes leurs négociations, ils font paraître une habileté et une noblesse de sentiments qui feraient honneur aux nations les plus policées. Il ne s'agit point entre eux de conquérir et d'étendre leur domination ; plusieurs nations même ne connaissent point de domaine proprement dit ; et celles qui ne sont point éloignées de leur pays, et qui se regardent comme les maîtresses de leurs terres, n'en sont point jalouses jusqu'à trouver mauvais qu'on vienne s'y établir, pourvu qu'on n'entreprenne point de les inquiéter. Il n'est donc question dans leurs traités que de se faire des alliés contre des ennemis puissants, de mettre fin à une guerre qui devient onéreuse aux deux partis, ou plutôt de suspendre les hostilités ; car j'ai déjà observé que les guerres sont éternelles parmi les sauvages, quand elles sont de nation à nation. Aussi ne faut-il pas compter sur un traité de paix tant qu'une des deux parties peut donner de la jalousie à l'autre.

Tout le temps qu'on négocie, et avant même d'entrer en

négocial'on, le principal soin est de ne point paraître faire
les premières démarches, ou du moins de persuader à son
ennemi que ce n'est ni par crainte ni par nécessité qu'on les
fait ; et cela est manié avec la plus grande dextérité. Un plé-
nipotentiaire ne rabat rien de sa fierté, lors même que les
affaires de sa nation sont dans le plus mauvais état ; et il
réussit souvent à persuader ceux avec qui il traite qu'il est
de leur intérêt de mettre fin aux hostilités, quoique vainqueurs. Aussi, y va-t-il de tout pour lui d'y employer tout ce
qu'il a d'esprit et d'éloquence ; car, si ses propositions ne
sont pas agréées, il faut qu'il se tienne bien sur ses gardes.
Il n'est point rare qu'un coup de hache soit l'unique réponse
qu'on lui fait ; il n'est pas même hors de danger quand il a
évité la première surprise ; il doit s'attendre à être poursuivi
et à être brûlé, s'il est pris, et qu'une telle violence puisse
être colorée de quelque prétexte, comme de représailles.

Cela est arrivé à quelques Français, chez les Iroquois, où
ils avaient été envoyés de la part du gouverneur-général ;
et, pendant bien des années, les jésuites qui demeuraient
parmi ces barbares, quoiqu'ils y fussent tous sous la sauve-
garde publique, et, en quelque façon, les agents ordinaires
de la colonie, se trouvaient tous les jours à la veille d'être
sacrifiés à un ressentiment, ou d'être les victimes d'une in-
trigue des gouverneurs de la Nouvelle-York.

Enfin, il est surprenant que des peuples qui ne font nulle-
ment la guerre par intérêt, et qui portent même le désintéressement si loin, que les guerriers ne se chargent jamais des
dépouilles des vaincus, ne touchent pas même aux habits des
morts, et, s'ils rapportent quelque butin, l'abandonne au

premier qui veut s'en emparer ; en un mot, qui ne prennent les armes que pour la gloire ou pour se venger de leurs ennemis ; il est, dis-je, étonnant de les voir exercés comme ils le sont dans le manége de la plus fine politique, et entretenir des pensionnaires chez leurs ennemis. Ils ont même, par rapport à ces sortes de ministres, une coutume qui paraît d'abord aussi bizarre, mais qu'on peut néanmoins regarder comme l'effet d'une grande prudence : c'est qu'ils ne font jamais aucun fond sur les avis qu'ils reçoivent de leurs pensionnaires, si ceux-ci ne les accompagnent de quelque présent. Ils ont compris sans doute que, pour pouvoir sagement compter sur de pareils avis, il faut non-seulement que celui qui les donne n'ait rien à espérer, mais qu'il lui en coûte même pour les donner, afin que le seul intérêt du bien public puisse l'y engager, et qu'il ne le fasse pas trop légèrement.

Limoges. — Barbou Frères, Imprimeurs-Libraires, Rue Puy-Vieille-Monnaie.

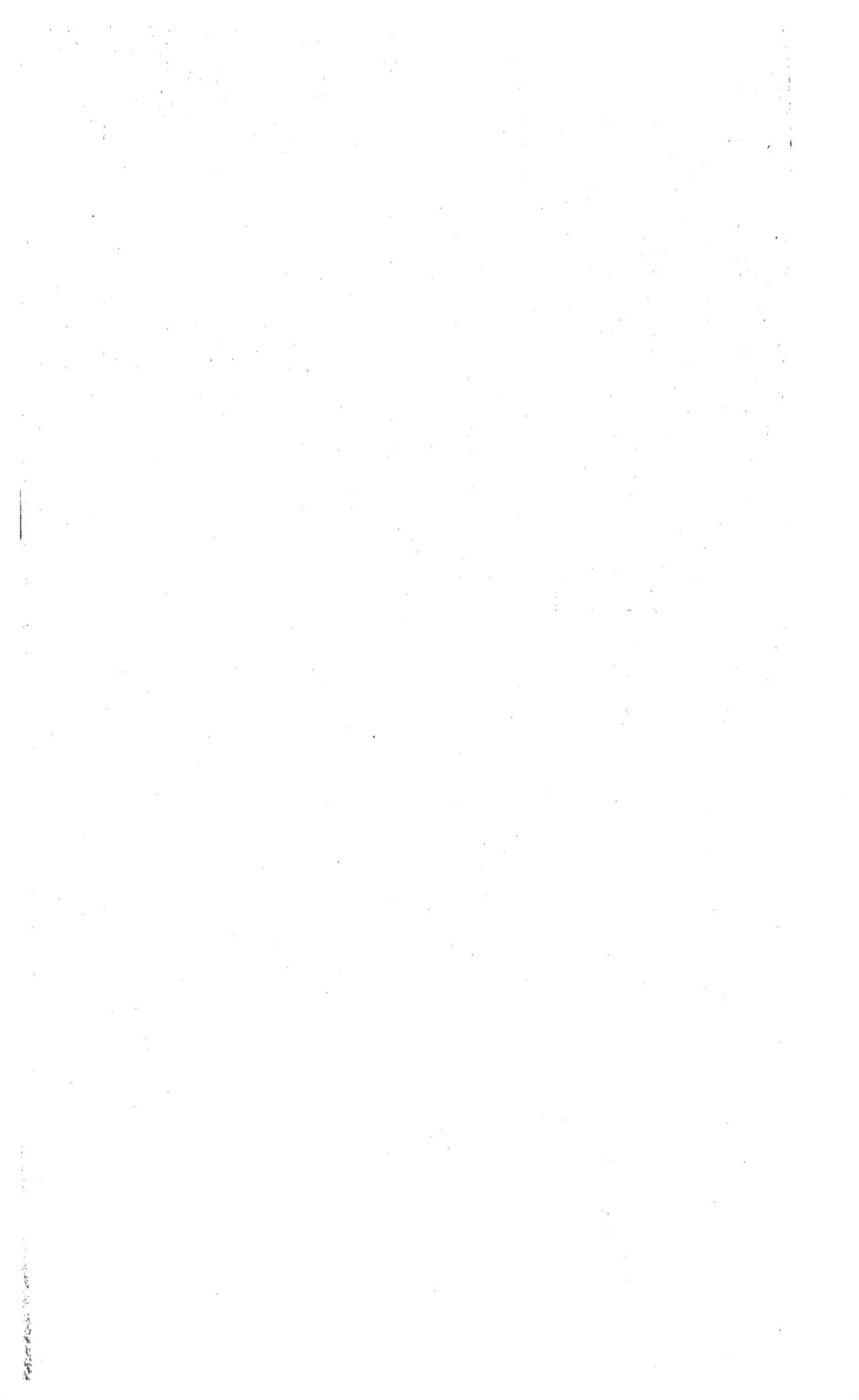

www.ingramcontent.com/pod-product-compliance
Lightning Source LLC
Chambersburg PA
CBHW071836200326
41519CB00016B/4134